T. S. Swapna
Devi Chinmayee M.

O efeito do stress provocado por metais pesados em duas espécies de Alternanthera

T. S. Swapna
Devi Chinmayee M.

O efeito do stress provocado por metais pesados em duas espécies de Alternanthera

ScienciaScripts

Imprint
Any brand names and product names mentioned in this book are subject to trademark, brand or patent protection and are trademarks or registered trademarks of their respective holders. The use of brand names, product names, common names, trade names, product descriptions etc. even without a particular marking in this work is in no way to be construed to mean that such names may be regarded as unrestricted in respect of trademark and brand protection legislation and could thus be used by anyone.

Cover image: www.ingimage.com

This book is a translation from the original published under ISBN 978-613-3-99550-5.

Publisher:
Sciencia Scripts
is a trademark of
Dodo Books Indian Ocean Ltd. and OmniScriptum S.R.L publishing group

120 High Road, East Finchley, London, N2 9ED, United Kingdom
Str. Armeneasca 28/1, office 1, Chisinau MD-2012, Republic of Moldova, Europe
Printed at: see last page
ISBN: 978-620-8-08031-0

Conteúdo

Resumo

A bioacumulação e a biomagnificação de metais pesados no ambiente tornaram-se uma grande ameaça para todos os organismos vivos, incluindo as plantas. O presente estudo foi efectuado para avaliar a resposta de duas espécies de *Alternanthera* (*Alternanthera sessilis* (L.) R.Br. e *Alternanthera tenella* Colla.), pertencentes à família Amaranthaceae, em condições de stress causado por metais pesados. As plantas foram cultivadas em solo tratado com diferentes concentrações de Cd, Cr e Pb, dependendo do nível de limiar das plantas. Após um mês de tratamento, foram efectuadas análises morfológicas e bioquímicas e todos os resultados foram submetidos a uma análise estatística. Os estudos morfológicos revelaram os sintomas de fitotoxicidade e a redução do crescimento de todas as plantas devido a metais pesados como o Cr, o Cd e o Pb. A concentração de moléculas bioorgânicas, tais como açúcares solúveis totais, proteínas totais, lípidos, aminoácidos e pigmentos fotossintéticos, apresentou uma variação profunda em resposta ao stress provocado pelos metais pesados. Os antioxidantes não enzimáticos, como a prolina e o fenol, aumentaram, enquanto o teor de carotenóides diminuiu em relação ao controlo devido à acumulação de metais pesados. A atividade das enzimas antioxidantes, como a superóxido dismutase (SOD; E.C. 1.15.1.1), a catalase (CAT: EC 1.11.1.6), a polifenol oxidase (PPO; EC 1.14.18.1), a peroxidase (POX; E.C. 1.11.1.7), a ascorbato peroxidase (APX: EC 1.11.1.11), glutatião redutase (GR: EC 1.6.4.2), monodehidroascorbato redutase (MDHAR, EC 1.6.5.4) e dehidroascorbato redutase (DHAR, EC 1.6.5.4) foram estimados e mostraram um aumento profundo em resposta à acumulação de metais pesados nas plantas de controlo.

As plantas são susceptíveis à toxicidade dos metais pesados e respondem de várias formas diferentes para evitar os efeitos tóxicos. Este estudo foi concebido para avaliar a fitoacumulação de três metais tóxicos, nomeadamente Pb, Cd e Cr, em duas espécies de *Alternanthera*. A concentração, a transferência e a acumulação de metais do solo para as raízes e os rebentos foram avaliadas em termos de Fator de Concentração Biológica (BCF) e Fator de Translocação (TF). O bioensaio foi realizado através do cultivo das plantas em concentrações variáveis dos respectivos metais pesados. A concentração de metais nas biopartes das plantas experimentais revelou que as plantas tratadas acumularam uma enorme quantidade de chumbo, cádmio e crómio em comparação com as plantas de controlo em várias biopartes. A maior acumulação foi observada na raiz tratada com Pb. Entre os três metais, o Cd foi o menos acumulado em comparação com os outros dois metais em ambas as espécies. O valor médio da concentração de metais pesados nas plantas foi encontrado em ordem decrescente Pb>Cr>Cd. Existe uma forte correlação positiva entre a concentração de metais pesados no solo e nas partes das plantas.

O cálculo do fator de bioconcentração e do fator de translocação sugeriu a eficiência de acumulação de metais da planta e o seu potencial de utilização na fitoremediação de solos moderadamente contaminados com metais pesados.

Este estudo foi também efectuado para determinar a eficiência das plantas na acumulação de metais pesados quando cultivadas em composto de resíduos sólidos urbanos (USWC) obtido de três lixeiras diferentes de Kerala, nomeadamente Vilapilsala de Thiruvananthapuram, Plachimada de Palaghat e Chavara do distrito de Kollam. Foram também examinadas as potencialidades de *Alternanthera sessilis* e *Alternanthera tenella* na remediação de metais pesados constituintes de USWC. O ensaio foi completamente aleatório com três réplicas. No início do ensaio, a concentração de Pb, Cd e Cr nos RSU das três lixeiras era, em média, de 15,1mg/kg, 3,63mg/kg e 11,3mg/kg, respetivamente. A análise pós-ensaio mostrou que os teores de Pb, Cd e Cr dos RSU foram reduzidos em 56,38%, 55,45% e 66,28%, respetivamente, com uma ligeira variação entre as duas espécies.

O perfil proteico de duas espécies de *Alternanthera* em plantas de controlo e tratadas com metais pesados foi analisado através de SDS-PAGE. O stress provocado por metais pesados afectou significativamente o perfil proteico das plantas quando comparado com o das plantas de controlo. Na zimografia SDS PAGE de ambas as espécies, foram geradas várias bandas novas e muitas bandas originalmente presentes nas plantas de controlo desapareceram em condições de stress. Pode concluir-se que várias proteínas novas foram sintetizadas nas plantas para a sua adaptação às condições de stress, o que pode servir de marcador para identificar as adaptações das plantas sujeitas a stress. O teor de metalotioneína parece ter aumentado nos três tratamentos com metais pesados quando comparado com o controlo. Os mecanismos moleculares que regulam a tolerância a metais pesados ainda não foram totalmente investigados. Foi feita uma tentativa de sequenciação do gene da metalotioneína que mostrou semelhanças com genes já registados. Outros estudos esclarecerão o papel dos genes MT na homeostase dos metais, na eliminação de ROS e na sua aplicabilidade à fitorremediação de solos contaminados com metais pesados.

Alternanthera sessilis e *Alternanthera tenella* apresentaram tolerância moderada e podem ser sugeridas como plantas com potencial fitorremediador para campos moderadamente contaminados. Entre as duas espécies, *a Alternanthera tenella* acumulou uma concentração elevada de metais pesados. A partir dos resultados obtidos, torna-se claro que os poluentes de metais pesados têm muitos impactos negativos na vida das plantas. Embora o processo de fitorremediação de metais demore muito tempo, é um procedimento amigo do ambiente para um país em desenvolvimento como a Índia.

PALAVRAS-CHAVE: *Alternanthera sessilis*. *Alternanthera tenella*, Amaranthaceae, Stress por metais pesados, Antioxidantes, Fitorremediação, Composto de resíduos sólidos urbanos, BCF, TF. Metalotioneína.

Abreviaturas

ROS	:	Reactive Oxygen Species
SOD	:	Superoxide Dismutase
CAT	:	Catalase
PPO	:	Polyphenol Oxidase
POX	:	Peroxidase
APX	:	Ascorbate Peroxidase
GR	:	Glutathione Reductase
MDHAR	:	Monodehydroasccorbate Reductaser
DHAP	:	Dehydroascorbate Reductase
Pb	:	Lead
Cr	:	Chromium
Cd	:	Cadmium
BCF	:	Bioconcentration Factor
TF	:	Translocation Factor
USWC	:	Urban Solid Waste Compost
SDS	:	Sodium Dodecyl Sulphate
PAGE	:	Polyacrylamide Gel Electrophoresis
MT	:	Metallothinein
PC	:	Phytochelatin
H2O2	:	Hydrogen Peroxide
GSH	:	Reduced Glutathione
GSSH	:	Oxidised Glutathione
WHO	:	World Health Organisation
BSA	:	Bovin Serum Albumin
TCA	:	Trichloro Aceticacid
V	:	Volt
°C	:	Degree Celsius
NaOH	:	Sodium Hydroxide
HCl	:	Hydrochloric Acid
EDTA	:	Ethylenediaminetetraacetic acid
DTNB	:	5,5-dithio-bis-(2-nitrobenzoic acid)
NBT	:	Nitroblue Tetrazolium
TEMED	:	Tetramethylethylenediamine
FAO	:	Food and Agricultural Organisation
Rf	:	Relative Frond
KDa	:	KiloDalton
PMSF	:	Phenylmethylsulfonyl Fluoride
Tris	:	Tris(hydroxymethyl)aminomethan
TE buffer	:	Tris EDTA buffer
NADP	:	Nicotinamide adenine dinucleotide phosphate

1. INTRODUÇÃO

As plantas estão expostas a stresses bióticos e abióticos que põem em perigo a sua sobrevivência, crescimento e metabolismo. O crescimento e o desenvolvimento das plantas até ao seu potencial máximo só ocorrem sob uma gama óptima de factores ambientais como a água, a temperatura, a luz, etc. Um défice de qualquer um destes factores resulta numa redução do crescimento e do desenvolvimento das plantas (Griffiths e Parry, 2002; Jackson e Ram, 2003). O stress nas plantas é definido como qualquer condição ou substância desfavorável que afecta ou bloqueia o metabolismo, o crescimento e o desenvolvimento das plantas (Lichtenthaler, 1996). Existem sete classes de factores distintos que podem causar stress nas plantas, tais como radiação, temperatura, luz, hidratação, factores químicos como metais pesados, sais, pH, poluentes atmosféricos, bem como factores mecânicos e biológicos (Elstner e Obwald 1994). Devido à enorme urbanização, à exploração mineira, à aplicação de águas residuais e de lamas de depuração no solo, a poluição do solo está a aumentar, causando assim graves problemas ambientais. O excesso de concentração de metais no solo poluído resultou na diminuição da atividade microbiana e da fertilidade do solo, o que leva à redução do rendimento das culturas (Whiting *et al.* 2003). O solo contaminado com metais pesados restringe a função do solo, conduzindo à toxicidade nas plantas e afectando negativamente a cadeia alimentar (Kleizaite *et al.* 2004).

Quase três quartos dos elementos da tabela periódica são metais, entre os quais apenas oito metais actuam como nutrientes essenciais para as plantas, enquanto outros não são essenciais e podem ser tóxicos a um nível elevado. As investigações recentes centram-se em vários sistemas através dos quais as plantas adquirem a capacidade de lidar com estes metais não essenciais. Estes sistemas incluem mecanismos como a absorção selectiva de metais, o sequestro, a desintoxicação e uma série de mecanismos de defesa para atingir uma concentração equilibrada de metais nas plantas. A poluição por metais pesados actua como um fator de stress abiótico e tem influência nas plantas, alterando os seus caracteres fisiológicos, morfológicos e bioquímicos (Garg e Singla, 2011; Ozdener e Kutbay, 2011).

1.1 Metais pesados

Os elementos que ocorrem naturalmente e que têm um peso atómico e uma densidade 5 vezes superior à da água são considerados metais pesados (Fergusson, 1900). Dos 112 elementos existentes na natureza, cerca de 80 são metais, a maioria dos quais se encontra apenas em vestígios na biosfera.

Metais como o cobalto (Co), o cobre (Cu), o ferro (Fe), o magnésio (Mg), o manganês (Mn), o molibdénio (Mo), o níquel (Ni), o selénio (Se) e o zinco (Zn) são considerados nutrientes essenciais necessários para várias funções fisiológicas e bioquímicas. O fornecimento inadequado destes micronutrientes resulta numa variedade de doenças ou síndromes de deficiência. Os metais pesados como o Cd, Cr, Ni, As, Pb, etc. são considerados cancerígenos para os seres humanos (Beyersmann e Hartwig, 2008). Os metais pesados constituem o principal grupo de poluentes tóxicos, uma vez que alteram a harmonia do ecossistema (Rao e Patnaik, 1999). Em várias matrizes ambientais, os metais pesados estão presentes em concentrações vestigiais (menos de 10 ppm), pelo que são considerados elementos vestigiais (Kabata-Pendia, 2001)

A poluição por metais pesados pode ser natural ou antropogénica. A descarga de metais pesados devido a várias actividades antropogénicas leva à poluição do solo em grande escala (Shivhare e Sharma, 2012). A poluição por metais pesados foi também causada por fenómenos naturais como a meteorização e as erupções vulcânicas (He *et al.*, 2005). Na Europa Ocidental, 1 400 000 sítios foram afectados por metais pesados (McGrath *et al.*, 2001), e o número total estimado de sítios afectados na Europa pode ser muito maior. Nos EUA, existem 6,00,000 campos contaminados com metais pesados (McKeehan, 2000). Um sexto do total das terras cultivadas foi poluído por metais pesados (Liu, 2006). A poluição por metais pesados também é grave na Índia, no Paquistão e no Bangladesh, onde pequenas unidades industriais descarregam os seus efluentes não tratados nos campos agrícolas, causando uma poluição grave. As investigações geoquímicas efectuadas na zona de desenvolvimento industrial de Patancheru, em Andhra Pradesh, e nas suas imediações, revelaram a presença de Cr, V, Fe, As, Cd, Se, Ba, Zn, Sr, Mo e Cu em quantidades significativas (Govil *et al.* 2001). Foi registada uma situação semelhante na análise dos sedimentos do rio Ganga (Singh *et al.* 2002). Krishna e Govil (2004) identificaram concentrações elevadas de elementos pesados como Pb, Cr, Cu, Zn e Sr nas amostras de solo da zona industrial de Pali, no Rajastão. Foram detectadas concentrações elevadas de elementos pesados como Ba, Cu, Cr, Co, Ni, Sr, V e Zn em amostras de solo da zona industrial de Surat, Gujarat (Krishna e Govil, 2007) e Varanasi (Sharma *et al.* 2007). A contaminação por metais pesados em terrenos agrícolas nos arredores da cidade de Banglore deve-se principalmente à irrigação desses terrenos por lagos alimentados com resíduos de esgotos (Lokeshwari e Chandrappa, 2006).

A ocorrência e a concentração de metais pesados individuais variam de local para local, consoante a fonte de poluição. Concentrações elevadas de metais pesados no solo podem afetar negativamente o crescimento das culturas. Estes metais pesados tóxicos interferem com as funções metabólicas das plantas, o que inclui processos fisiológicos e bioquímicos, como a inibição da fotossíntese, a respiração e a degeneração de muitos organelos celulares, o que acaba por resultar na morte das plantas (Garbisu e Alkorta, 2001; Schmidt, 2003; Schwartz *et al.*, 2003). A absorção excessiva de metais pelas plantas causa indiretamente toxicidade na nutrição humana e afecta doenças agudas e crónicas. Os iões de metais pesados, como o Cu^{2+}, o Zn^{2+}, o Mn^{2+}, o Fe^{2+}, o Ni^{2+} e o Co^{2+} são micronutrientes essenciais para o metabolismo das plantas, mas quando em excesso são prejudiciais para as plantas. Outros iões de metais pesados não essenciais, como o Cd^{2+}, o Hg^{2+}, o Ag^{2+}, e o Pb^{2+} não têm quaisquer efeitos benéficos, mas são extremamente tóxicos e constituem uma ameaça para as plantas e os animais (Williams, *et al.*, 2000). Os metais pesados afectam a qualidade e a saúde do solo de muitas formas. [H]De acordo com Harter (1983), o pH do solo é um dos principais factores que afectam a disponibilidade de metais no solo. Foi também registada uma correlação positiva entre a concentração de metais pesados no solo e algumas propriedades físicas do solo, como a capacidade de retenção de água e o teor de humidade (Sharma e Raju, 2013).

1.1.1 Cádmio

O cádmio (Cd) é o elemento 48th da tabela periódica e faz parte do grupo 12. O cádmio existe mais comummente como Cd^{2+}. É reconhecido como um poluente significativo devido à sua elevada toxicidade e grande solubilidade na água (Pinto *et al.*, 2004). O cádmio é um elemento não essencial que afecta negativamente o crescimento das plantas e tem uma semi-vida longa, pelo que persiste no ambiente durante um período prolongado (Salt *et al.*, 1998). A principal entrada de Cd no solo ocorre através de resíduos industriais provenientes de processos como a galvanoplastia, a exploração mineira, o fabrico de plásticos, a preparação de ligas, os pigmentos para tintas e as baterias de níquel-cádmio que contêm Cd (Toppi e Gabrielli, 1999). Devido à sua elevada toxicidade e grande solubilidade na água, o Cd é um dos poluentes mais significativos estudados no ambiente (Pinto *et al.* 2004). A absorção de iões Cd ocorre em competição com os mesmos transportadores transmembranares de nutrientes, como K, Ca, Mg, Fe, Mn, Cu, Zn e Ni (Benavides *et al.*, 2005). Factores do solo, como o p^H, influenciam a absorção de Cd pelas plantas. Existe uma correlação positiva entre a absorção de Cd e o p^H do solo (Kirkham, 2006).

1.1.2 Crómio

O crómio (Cr) é o elemento 24th da tabela periódica. Na natureza, o crómio existe em dois estados oxidativos estáveis, Cr^{3+} (trivalente) e Cr^{6+} hexavalente. Estes dois estados oxidativos diferem na sua mobilidade, biodisponibilidade e toxicidade. O Cr^{6+} é mais tóxico e móvel do que o Cr^{3+} (Panda e Patra, 1997). A libertação de crómio no ambiente ocorreu devido à produção de aço refratário, lamas de perfuração, agentes de limpeza de galvanoplastia, fabrico de catalisadores e ácido crómico. A indústria do couro é a principal causa da elevada concentração de Cr na biosfera (Barnhart, 1997).

As plantas não possuem mecanismos específicos para a absorção de crómio porque este é tóxico e não é essencial para as plantas. A absorção deste metal pesado faz-se através de transportadores presentes na membrana para a absorção de metais essenciais para o metabolismo das plantas. A absorção excessiva de crómio resulta no atraso da germinação das sementes, na inibição do crescimento das raízes, na redução do número e da área de superfície das folhas, bem como da biomassa total das plantas (Peralta *et al.*, 2001; Mei *et al.*, 2002; Shanker, 2003; Juwarkar *et al.*, 2008; Kumar *et al.*, 2008). A inibição da fotossíntese e da cadeia de transferência de electrões também foi relatada por perturbações metabólicas induzidas pelo crómio (Shanker *et al.*, 2003). O aumento da produção de metabolitos como o glutatião e o ácido ascórbico foi relatado como uma resposta direta ao stress do Cr (Shanker 2003). As actividades enzimáticas de eliminação de ROS (espécies reactivas de oxigénio) foram alteradas e observou-se um aumento da peroxidação lipídica devido ao excesso de Cr (Shanker *et al.*, 2005).

1.1.3 Chumbo (Pb)

O chumbo (Pb) é um metal denso, maleável, dúctil e resistente à corrosão, o que o torna popular em muitos domínios (Florea e Busselberg, 2006) e tem um peso atómico de 82. A contaminação ambiental pelo chumbo aumentou substancialmente no século XX devido à utilização de gasolina com chumbo nos motores. A principal fonte de chumbo no ambiente são os fumos dos automóveis, os gases de escape das fábricas, a extração mineira, a fundição de minério de Pb, os efluentes das baterias e os fertilizantes (Eick *et al.*, 1999). O chumbo interfere com as vias bioquímicas no ser humano, mesmo em concentrações baixas, causando uma vasta gama de problemas de saúde. Os efeitos negativos do Pb incluem anemia, perda de audição e desenvolvimento anormal de tecidos e órgãos, como os rins, o coração e o cérebro (Needleman e Bellinger,1991). A disponibilidade de chumbo para as plantas depende das caraterísticas do solo, como a dimensão das partículas e a capacidade de troca catiónica, uma vez que o Pb se liga a materiais orgânicos no solo. Algumas espécies de plantas hiperacumuladoras foram registadas como acumuladoras de chumbo em concentrações elevadas nas partes acima do solo (Brooks, 1998; Blaylock e Huang, 2000).

1.2 Defesa das plantas contra o stress causado por metais pesados

As plantas crescem muito bem quando recebem a quantidade ideal de nutrientes, humidade, luz e temperatura. Qualquer desvio significativo devido a stress abiótico e biótico, no seu limite ótimo requerido, é prejudicial para as plantas, o que leva a uma taxa de crescimento mais baixa e, eventualmente, à morte (Larcher, 2003; Agrios, 2005). O equilíbrio entre os vários sistemas bioquímicos e fisiológicos presentes nas plantas é perturbado quando estas são submetidas a vários tipos de stress abiótico, tais como elevada intensidade luminosa, secas, temperaturas extremas, tratamento com herbicidas, elevada salinidade ou deficiências de metais. Também se verificou um atraso no crescimento, uma redução da biomassa e da produção de sementes ou frutos quando as plantas enfrentam uma ou mais combinações de stress (Salvatore *et al.*, 2008). Quando as plantas são sujeitas a stress por metais pesados, ocorre a acumulação de iões metálicos no corpo da planta, que são extremamente fitotóxicos. As plantas desenvolvem normalmente duas estratégias básicas para a exposição a metais: uma é a exclusão de metais e a outra a desintoxicação de metais. Estas estratégias ajudam as plantas a defenderem-se de um potencial stress, desenvolvendo vários mecanismos para controlar a homeostase dos iões intracelulares. Esses mecanismos incluem a imobilização, a quelação, a complexação de iões, a expressão de proteínas de stress e a ativação da resposta do etileno ao stress (Cobbett, 2000). A exposição ao stress provocado por metais pesados causa danos oxidativos a nível celular das plantas, o que provoca a deterioração oxidativa de macromoléculas biológicas por interação com proteínas nucleares e ADN (Leonard, 2004). Mesmo que o crescimento das plantas não seja afetado pela hiperacumulação de metais pesados, estas apresentam vários sinais elevados de stress oxidativo (Boominathan e Doran, 2003).

1.3 Bioorgânicos

As moléculas bioquímicas ou biomoléculas compreendem uma grande variedade de macromoléculas biologicamente significativas, tais como pigmentos, metabolitos primários e secundários que caracterizam e regulam vários processos biológicos. São blocos de construção da membrana celular, da parede celular, do citoplasma, do núcleo e dos organelos. Preeti *et al.* (2011) observaram uma relação direta entre as caraterísticas químicas do solo, a concentração de metais pesados e as respostas morfológicas e bioquímicas das plantas. A acumulação de metais pesados nos tecidos vegetais pode provocar uma redução das actividades fisiológicas e bioquímicas das plantas, resultando numa diminuição da biomassa e do rendimento (Scoccianti *et al.*, 2006). Todas as plantas possuem uma tolerância básica aos metais pesados em baixas concentrações. Concentrações elevadas de metais pesados podem causar efeitos nocivos e perturbações, incluindo a redução da transpiração, a inibição da fotossíntese, a redução do metabolismo dos hidratos de carbono, o desequilíbrio nutricional e o stress oxidativo, que afectam coletivamente o crescimento e o desenvolvimento das plantas (Kramer e Clemens,

2005).

Os hidratos de carbono são polihidroxialdeídos ou polihidroxicetonas e seus derivados. Todos os alimentos orgânicos são, em última análise, derivados da síntese de hidratos de carbono através da fotossíntese. Actuam como reservatórios de energia, desempenham funções arquitectónicas e são importantes constituintes dos ácidos nucleicos. A sacarose e o amido são os principais produtos das vias de assimilação do carbono na maioria das plantas (Pathre *et al.*, 2004). A toxicidade dos metais pesados prejudica grandemente não só a decomposição dos polissacáridos, mas também a translocação de açúcares solúveis para o eixo embrionário em crescimento (Bhushan e Gupta, 2008; Kuriakose e Prasad, 2008).

As proteínas são as moléculas orgânicas mais abundantes nas células, constituindo mais de metade do seu peso seco. Estas biomoléculas têm diversas funções nos sistemas vivos. As proteínas são partes essenciais dos organismos e participam em praticamente todos os processos dentro das células. Muitas proteínas são enzimas que catalisam reacções bioquímicas e são vitais para o metabolismo. As proteínas também têm funções estruturais ou mecânicas, como a actina e a miosina no músculo e as proteínas do citoesqueleto, que formam um sistema de andaimes que mantém a forma da célula. Algumas proteínas são importantes na sinalização celular, nas respostas imunitárias, na adesão celular e no ciclo celular. As plantas desenvolveram mecanismos altamente eficazes para regular a absorção, a acumulação, a distribuição e a desintoxicação de iões de metais pesados, a fim de aliviar o stress e restabelecer a homeostase celular e a capacidade antioxidante (Hossain e Komatsu, 2013). Algumas moléculas proteicas são componentes vitais dos transportadores de metais responsáveis pela captação de metais, transporte vacuolar, quelação de metais pesados, desintoxicação, tolerância e chaperonas que desempenham um papel significativo na entrega e no tráfico de iões metálicos (Clemens 2001, Sharma *et al.* 2008). Novos aspectos do stress causado por metais pesados nas plantas podem ser identificados por marcadores proteicos (Bona *et al.,* 2007).

Os lípidos constituem um grupo de grande variedade de moléculas que ocorrem naturalmente e que incluem gorduras, ceras, esteróis, vitaminas lipossolúveis (vitaminas A, D, E e K), monoglicéridos, diglicéridos, triglicéridos, fosfolípidos e outros. As principais funções biológicas dos lípidos incluem o armazenamento de energia, como componentes estruturais das membranas celulares, cofactores de enzimas, transportadores de electrões, pigmentos, âncoras hidrofóbicas, agentes emulsionantes e actuam como importantes moléculas de sinalização.

Os aminoácidos são moléculas biologicamente importantes constituídas por grupos funcionais amina ($-NH_2$) e ácido carboxílico ($-COOH$), juntamente com uma cadeia lateral específica de cada aminoácido. Os elementos-chave de um aminoácido são o carbono, o hidrogénio, o oxigénio e o azoto. São conhecidos cerca de 500 aminoácidos que são essenciais para a vida e têm muitas funções no metabolismo. A função importante dos aminoácidos é servir como blocos de construção das proteínas e também servir como coenzimas. Devido ao seu papel central na bioquímica, os aminoácidos são muito importantes na nutrição e são normalmente utilizados na tecnologia alimentar e na indústria alimentar. Muitos aminoácidos actuam como precursores de neurotransmissores, porfirinas, nucleótidos, fenilpropanóides, etc. Alguns aminoácidos não proteicos, como a canavanina, a albizziina, a ornitina e a mimosina, são utilizados como defesas das plantas contra os herbívoros. Os aminoácidos e seus derivados são também capazes de quelar metais, conferindo às plantas resistência a níveis tóxicos de iões metálicos.

Os pigmentos fotossintéticos, como a clorofila e os carotenóides, são importantes pigmentos de captação de luz, dos quais a clorofila a representa o principal pigmento que participa diretamente no ato fotoquímico. A maior parte das plantas superiores possui clorofila b em combinação com clorofila a, responsável pela absorção da luz azul (400-500 nm) e vermelha (600-700 nm), respetivamente. São compostos de porfirina de magnésio formados a partir da protoclorofila na luz. Os metais pesados têm efeitos deletérios sobre o conteúdo e a funcionalidade dos pigmentos fotossintéticos (Broadley *et al.*, 2007). Isto pode ser causado pela inibição da síntese de pigmentos (Gangwar *et al.*, 2011; Huang *et al.*, 2013), ou por danos oxidativos diretos nos pigmentos (Olah *et al.*, 2010). A inibição da fotossíntese induz o stress oxidativo (Romero-Puertas *et al.*, 2004; Benavides *et al.*, 2005), que pode contribuir para a degradação das estruturas fotossintéticas e a indução da senescência (McCarthy *et al.*, 2001), e para a aclimatação das plantas ao stress através de processos de transdução de sinais (Maksymiec 2007).

1.4 Sistema de defesa antioxidante nas plantas

As plantas dispõem de uma série de mecanismos potenciais que podem estar envolvidos na desintoxicação e tolerância ao stress causado pelos metais pesados (Hall, 2002). A toxicidade dos metais pesados inclui o bloqueio de grupos funcionais **de** moléculas vitais, por exemplo, enzimas, polinucleótidos, deslocação ou substituição de iões essenciais, desnaturação e inativação de enzimas e perturbação da integridade da membrana das células e organelos (Bajguz e Hayat, 2009). A toxicidade dos metais está frequentemente associada ao stress oxidativo, quer induzindo a produção de espécies reactivas de oxigénio (ROS), quer aumentando ou diminuindo os antioxidantes enzimáticos e não enzimáticos. Consequentemente, é libertada uma maior quantidade de produtos de oxidação celular. É geralmente aceite que as espécies reactivas de oxigénio (ERO), como o peróxido de hidrogénio

(H O_{22}), o oxigénio singlete ($1O_2$), o radical superóxido (O_2 -) e o radical hidroxilo (OH-), produzidas sob stress, são um fator prejudicial que conduz a danos oxidativos nas plantas (Ogweno, 2008). O excesso de ROS provoca a peroxidação gradual dos lípidos (Baryla, 2000), a inativação das enzimas antioxidativas (Teisseire e Guy, 2000) e danos oxidativos no ADN (Kasprzak, 2002). Os danos oxidativos são assim causados por um desequilíbrio em qualquer compartimento celular na produção de ROS e no sistema de defesa antioxidante (Ogweno, 2008). Para eliminar as ROS tóxicas produzidas durante o stress, as plantas estão equipadas com um sistema de defesa antioxidante eficiente que inclui sistemas de eliminação não enzimáticos e enzimáticos. O sistema não enzimático envolve antioxidantes solúveis em lípidos, como o α-tocoferol e o β-caroteno, e redutores solúveis em água, que incluem o ácido ascórbico e a glutationa. O sistema de eliminação enzimática inclui a superóxido dismutase (SOD), a guaiacol peroxidase (POD), a ascorbato peroxidase (APX), a catalase (CAT), a glutationa redutase (GR), a monodehidroascorbato redutase (MDHAR) e a dehidroascorbato redutase (DHAR), de acordo com Zhou (2005). Normalmente, a produção de ROS é aumentada com um aumento concomitante de antioxidantes, o que sugere que o sistema de defesa antioxidante pode ter um papel geral na aquisição de tolerância pelas plantas em condições de stress (Nunez, 2003).

A fitotoxicidade oxidativa é considerada a condição mais fatal em plantas sob stress de metais pesados. A indução e ativação do sistema de defesa antioxidativo é um dos mecanismos de desintoxicação das plantas em condições de stress. A tolerância das plantas a condições de stress depende da sua capacidade de desenvolver um equilíbrio entre a produção de derivados tóxicos do oxigénio e as respostas de defesa antioxidante. As plantas possuem mecanismos complexos de eliminação de ROS a nível molecular e celular. Estes mecanismos inibem ou abrandam a oxidação de biomoléculas e as reacções em cadeia oxidativas, diminuem os danos oxidativos celulares e aumentam a resistência aos metais pesados (Michalak, 2006).

1.4.1 Antioxidantes não enzimáticos

1.4.1.1 Prolina

A prolina deve ser considerada um antioxidante não enzimático que reduz o efeito adverso das espécies reactivas de oxigénio. A prolina desempenha um papel significativo na osmorregulação (Ahamed e Hellebust, 1988), na proteção enzimática (Nikolopoulos e Manetas, 1991), na estabilização da maquinaria de síntese proteica (Kadpal e Rao, 1985) e na regulação da acidez citosólica (Venekemp, 1989). Foi proposto que a prolina livre actua como um osmoprotector, um estabilizador de proteínas e também como um quelante de metais (Ashraf e Foolad, 2007). Devido à sua capacidade quelante, a prolina também fornece um mecanismo de defesa para tolerar o stress causado por metais pesados, ligando-se a iões metálicos (Trovato e Mattioli, 2008).

1.4.1.2 Fenol

Os compostos fenólicos são uma das principais famílias de metabolitos secundários das plantas e representam um grupo diversificado de compostos. Incluem compostos não solúveis como os taninos condensados, as lenhinas, o ácido hidroxicinâmico ligado à parede celular e os fenólicos solúveis como o ácido fenólico, os fenilpropanóides, os aavinóides e as quininas. Os fenóis são compostos microbicidas potentes, activos contra uma vasta gama de organismos.

1.4.1.3 Carotenóides

Os carotenóides são pigmentos que funcionam como antioxidantes não enzimáticos. Os carotenóides são os principais pigmentos que se sabe estarem envolvidos na proteção dos órgãos vegetais contra o stress.

Os carotenóides podem sofrer uma rotação elevada sob stress foto-oxidativo devido à extinção química do oxigénio singlete (Edge e Truscott, 1999). Estudos revelaram também que as antocianinas são produzidas em resposta a várias tensões abióticas, incluindo o stress por metais (Chalker Scott, 1999; Hale *et al.*, 2001). Os metais pesados inibem a biossíntese da clorofila e dos carotenóides e retardam a incorporação destes pigmentos nos fotossistemas. A diminuição dos pigmentos leva à redução da fotossíntese como consequência de uma menor absorção de nutrientes minerais essenciais, o que pode ser uma razão indireta para a clorose das plantas (Gajewska, 2006).

1.4.1.5 Ácido ascórbico

O ácido ascórbico é uma das vitaminas hidrossolúveis mais importantes que também actua como oxidante não enzimático para remover o $H O_{22}$ através do ciclo ascorbato-glutatião. Está presente em todos os tecidos vegetais e a sua concentração é mais elevada nas células fotossintéticas. A concentração mais elevada de ácido ascórbico ocorre nas folhas maduras com cloroplastos completamente desenvolvidos. O ascorbato permanece na forma reduzida nas folhas em condições fisiológicas normais. O ascorbato tem duas formas oxidadas chamadas monodehidroascorbato e dehidroascorbato. Duas reacções de oxidação sequenciais conduzem à formação destes estados oxidados, produzindo primeiro monodehidroascorbato. Esta reação é catalisada por uma enzima chamada ascorbato peroxidase nos cloroplastos e também pela oxidação univalente do ascorbato. O monodehidroascorbato é espontaneamente reduzido a ascorbato e a dehidroascorbato com a ajuda de uma enzima chamada monodehidroascorbato redutase (MDHAR). O dehidroascorbato é instável devido ao seu curto tempo de vida e é reduzido a ascorbato (Szarka *et al.*, 2007).

1.4.1.6 Glutatião

É um dos principais antioxidantes solúveis em água nas plantas, que fornece defesa intracelular contra os danos oxidativos induzidos pelos ERO, reduzindo-os. A glutationa ocorre abundantemente na forma reduzida nos tecidos vegetais e está localizada em quase todos os compartimentos celulares (Mittler e Zilinskas, 1992). O glutatião reduzido, denominado GSH, ajuda a regenerar o ácido ascórbico oxidando-se a si próprio em glutatião oxidado (GSSG), catalisado por uma enzima denominada dehidroascorbato redutase através do ciclo ascorbato-glutatião (Foyer e Halliwell, 1976). O glutatião deve estar disponível na forma reduzida (GSH) para a maior parte das reacções celulares, a fim de evitar os efeitos nocivos do stress oxidativo induzido pelas ROS. A redução do glutatião oxidado (GSSG) é catalisada pela glutatião redutase para glutatião oxidado (GSH). É necessário um equilíbrio entre a GSH e a GSSG para manter o estado redox celular nas plantas (Meyer, 2008).

1.4.2 Antioxidantes enzimáticos

1.4.2.1 Superóxido Dismutase (SOD, EC 1.15.1.1)

A SOD (EC 1.15.1.1) é composta por metaloproteínas que catalisam a dismutação do radical superóxido ($o^{\cdot 2}$) em O_2 e $H\,O_{22}$ (Giannopolitis e Ries 1977). Nas plantas, são conhecidas três classes de SOD, dependendo da presença de um cofator metálico (Mn, Fe ou Cu mais Zn) no local ativo. Estas três enzimas apresentam propriedades moleculares diferentes e estão localizadas em diferentes compartimentos subcelulares. A superóxido dismutase (SOD) constitui a primeira linha de defesa contra as ERO, produzidas em diferentes organelos, como o cloroplasto, as mitocôndrias e os peroxissomas. A SOD é o antioxidante enzimático mais eficaz em quase todos os organismos aeróbicos, principalmente em compartimentos subcelulares propensos ao stress oxidativo mediado por ROS. Remove o radical superóxido (O^2), diminuindo assim o risco do OH mais eficaz através da reação do tipo Haber-Weiss catalisada por metais (Gill e Tuteja, 2010)

1.4.2.2 Catalase (CAT, EC 1.11.1.6)

As catalases (EC 1.11.1.6) são enzimas tetraméricas contendo heme que existem como múltiplas isoenzimas codificadas por genes nucleares e envolvidas na remoção de $H\,O_{22}$. Localizam-se sobretudo nos peroxissomas, glioxissomas e, por vezes, nas mitocôndrias (Scandalios, 1997). Desmutam diretamente o $H\,O_{22}$ em $H_2\,O$ e O_2 e são indispensáveis para a desintoxicação dos ERO em condições de stress. A catalase (CAT) é importante na remoção do $H\,O_{22}$ gerado nos peroxissomas. A CAT tem uma das taxas de renovação mais elevadas de todas as enzimas, ou seja, uma molécula de CAT pode converter ~6 milhões de moléculas de H_2O_2 em H_2O e O_2 por minuto. As catalases vegetais estão envolvidas em funções fotorrespiratórias, na germinação de sementes, na eliminação de H_2O_2 durante a β-oxidação de ácidos gordos e durante stresses abióticos (Willekens, 1997).

1.4.2.3 Peroxidases (POD, EC 1.11.1.7)

As peroxidases (EC 1.11.1.7) regulam o nível intracelular de H_2O_2 e incluem um grupo de enzimas específicas, como a NAD-peroxidase, a NADP-peroxidase, a peroxidase de ácidos gordos, etc., bem como um grupo de enzimas muito inespecíficas de diferentes origens. A POD ocorre em animais, plantas superiores e outros organismos. Catalisa a desidrogenação de um grande número de compostos orgânicos, tais como fenóis, hidroquinonas, aminas aromáticas, etc.

1.4.2.4 Polifenol Oxidase (PPO, EC 1.14.18.1)

As fenol oxidases (EC 1.14.18.1) são enzimas que contêm cobre e que catalisam a oxidação aeróbica de certos substratos fenólicos em quininas, que são oxidadas em pigmentos castanhos escuros, geralmente conhecidos como melaninas. As actividades destas enzimas são importantes no que diz respeito ao mecanismo de defesa das plantas contra condições de stress. Os frutos frescos, os legumes e os cogumelos contêm estas enzimas em quantidades consideráveis.

1.4.2.5 Ascorbato peroxidase (APX, EC 1.11.1.11) e glutatião redutase (GR, EC 1.6.4.2)

A ascorbato peroxidase (APX) e a glutatião redutase (GR) são os principais antioxidantes enzimáticos do ciclo do ascorbato glutatião. O ciclo do ascorbato glutatião representa a oxidação e redução sucessivas do ascorbato, do glutatião e do NADPH pelas enzimas APX, GR e dehidroascorbato redutase. A APX e a GR desempenham um papel importante na desintoxicação dos ERO gerados num compartimento subcelular, especialmente no cloroplasto de plantas superiores, algas e outros organismos. A APX é uma proteína que contém heme e que transforma o H_2O_2 em H_2O, gerado no cloroplasto por dismutação do O_2. A decomposição do H_2O_2 no cloroplasto é essencial para evitar a inibição das enzimas do ciclo de Calvin (Kaiser, 1976). A degradação do H_2O_2 é catalisada pela APX nos cloroplastos, uma vez que a CAT está ausente. A APX tem uma maior afinidade pelo H_2O_2 do que a CAT e a POD (Gill e Tuteja, 2010). A APX desintoxica o H_2O_2 em moléculas de H_2O utilizando o ascorbato como dador de electrões e oxidando-o em monodehroascorbato (MDHA). O MDHA pode ser espontaneamente dismutado em dehidroascorbato (DHA). O ascorbato é regenerado pela desidroascorbato redutase utilizando NAD(P). A regeneração do ascorbato é mediada pela oxidação do GSH (glutatião reduzido) em GSSG (glutatião oxidado). Finalmente, a GSH é regenerada a partir da GSSG pela GR, utilizando NADPH como equivalente redutor. A glutationa redutase (GR) é uma flavoproteína oxidoredutase, encontrada tanto em eucariotas como em procariotas (Puertas *et al*,. 2006). A GR está localizada principalmente nos cloroplastos, embora uma pequena quantidade desta enzima também tenha sido encontrada no citosol e nas mitocôndrias (Creissen *et al.*, 1994, Edward *et al.* 1900). É uma enzima importante do ciclo ascorbato-glutationa para manter a concentração de GSH, que é muito importante para muitas actividades metabólicas e processos antioxidativos nas plantas (Reddy e Raghavendra, 2006; Chalapathy e Reddy, 2008). Tal como a Ascorbato peroxidase, a Glutationa peroxidase também decompõe o $H O_{22}$ em $H_2 O$ utilizando GSH diretamente como agente redutor.

1.4.2.6 Monodehidroascorbato redutase (MDHAR, EC 1.6.5.4) e Dehidroascorbato redutase (DHAR, EC 1.6.5.4)

A monodehidroascorbato redutase é uma enzima que contém flavina adenina dinucleótido (FAD) e está presente no cloroplasto e também como isoenzima citosólica. A MDHAR apresenta uma elevada especificidade para o monodehidroascorbato (MDHA) como acetor de electrões e para o NADH como dador de electrões (Asada, 1999). A MDHAR também se encontra localizada, juntamente com a APX, nos peroxissomas e nas mitocôndrias, onde um sistema de eliminação semelhante ao presente nos cloroplastos parece funcionar para a remoção adicional de $H O_{22}$ que escapou à decomposição pela catalase peroxisomal (Rio *et at*, 2002). O papel da MDHAR em resposta ao stress oxidativo induzido por metais pesados não foi estudado em pormenor, o que contrasta com o de outras enzimas antioxidantes. A MDHA produzida no lúmen dos cloroplastos não pode ser reduzida nem pela ferredoxina nem pelo NADPH, pelo que a MDHA é imediatamente dissociada em dehidroascorbato (DHA) e ascorbato. O DHA pode penetrar facilmente nas membranas celulares, incluindo as membranas dos tilacóides, enquanto o MDHA aniónico não consegue penetrar (Asada 1999). Os DHAR desempenham um papel fundamental na regeneração do ácido ascórbico a partir do estado oxidado e regulam o estado redox do ascorbato celular, que é crucial para a tolerância a várias tensões abióticas que levam à produção de ROS. A sobreexpressão de DHAR também aumenta a tolerância das plantas a vários stresses abióticos (Gill e Tuteja, 2010).

1.5 Quelação de metais pesados no citosol

As células vegetais desenvolveram vários mecanismos para armazenar o excesso de metais e evitar a sua participação em reacções tóxicas. Se a concentração de metais tóxicos exceder um determinado limiar no interior das células, um processo metabólico ativo contribui para a produção de compostos quelantes. Peptídeos específicos, como as fitoquelatinas (PCs) e as metalotioneínas (MTs), são utilizados para quelar metais no citosol e sequestrá-los em compartimentos subcelulares específicos, ajudando a desintoxicá-los. A fitoquelatina e a metalotioneína são proteínas de baixo peso molecular ou péptidos de baixo peso molecular com elevado teor de cisteína e têm capacidade de ligação a metais. No interior da célula, várias pequenas moléculas estão também envolvidas na quelação de metais, incluindo ácidos orgânicos, aminoácidos e derivados de fosfato (Rauser, 1999).

1.5.2 Fitoquelatinas

As fitoquelatinas (PCs) são os quelantes de metais pesados mais bem caracterizados nas plantas, especialmente no contexto da tolerância ao Cd (Cobbett, 2000). Estão presentes em muitas plantas, desde as algas primitivas até às angiospérmicas mais evoluídas. As fitoquelatinas (PCs) são sintetizadas a partir da glutationa (GSH) pela enzima fitoquelatina sintase (PCS), que desempenha um papel crucial na distribuição e acumulação de vários metais altamente tóxicos (Rauser, 1999; Cobbett, 2000). As PCS são sintetizadas no citosol e depois transportadas como complexos para os vacúolos. A sua síntese é espontaneamente activada na presença de metais pesados como Ag, Au, Hg, Cd, Cu, Pb e Zn (Rauser, 1995;

Cobbett, 2000). Pensa-se que as PCs estão envolvidas no tráfico de metais essenciais e na sua homeostase devido à sua afinidade por metais (Thumann *et al.*, 1991) e têm um papel importante na desintoxicação de metais pesados (Ebbs *et al.*, 2002).

1.5.3 Metalotioneínas

As metalotioneínas (MTs) são proteínas ricas em cisteína com baixo peso molecular, que se podem ligar a metais através de ligações de mercaptídeos. As MT foram caracterizadas pela primeira vez como proteínas de ligação ao cádmio em rins de cavalo (Margoshes e Vallee, 1957) e, depois disso, foram identificados muitos genes de MT numa variedade de organismos, incluindo bactérias, fungos, espécies eucarióticas animais e vegetais, mas podem variar de espécie para espécie (Robinson *et al.*, 1993). Estudos revelaram que as MTs têm uma forma de haltere na sua disposição espacial com dois domínios separados designados por α e β. Várias unidades Cys metálicas tetraédricas contidas no núcleo destes domínios (Willner *et al.*, 1987; Kagi e Schaffer, 1988)

As MTs presentes nas plantas podem ser subdivididas em quatro tipos, com base no número e na disposição dos resíduos de cisteína e no comprimento da região espaçadora presente (Cobbett e Goldsbrough, 2002). Estes quatro tipos de MTs vegetais apresentam padrões de expressão preferenciais nos tecidos. As MTs de tipo 1 têm uma expressão muito mais elevada nas raízes do que nos rebentos (Hudspeth *et al.*, 1996), enquanto as MTs de tipo 2 se encontram nas folhas (Hsieh *et al.*, 1995). As MTs de tipo 3 são expressas abundantemente nos frutos maduros (Ledger e Gardner, 1994; Reid e Ross, 1997) e a expressão das MTs de tipo 4, também conhecidas como tipo Ec, encontra-se apenas nas sementes em desenvolvimento (Lane *et al.*, 1987; Chyan *et al.*, 2005). As MTs não são apenas induzidas por stress abiótico, mas também são expressas durante o desenvolvimento das plantas (Rauser, 1999). A correlação positiva entre a expressão das MT em diversos organismos e a concentração ambiental de metais sugere que as MT podem ser consideradas como biomarcadores eficazes para o stress causado por metais pesados. As MTs são compostos favoráveis à fitorremediação de contaminantes de metais pesados pelas plantas (Eapen e D'Souza, 2005; Memon e Schroder, 2009).

1.6 Poluição do solo devido à compostagem de resíduos sólidos urbanos

A qualidade de vida está intimamente associada à qualidade do ambiente. A rápida urbanização, com o desenvolvimento industrial e comercial, tem colocado um grande problema de eliminação segura dos efluentes industriais em diferentes partes do país. O solo e a água estão geralmente contaminados com metais pesados e outros resíduos tóxicos em resultado de numerosas actividades antropogénicas associadas a processos industriais, fabrico e eliminação de resíduos industriais e domésticos. Um dos componentes tóxicos mais importantes de todos os efluentes industriais de pequena e grande escala são os metais pesados. A partir dos solos e águas poluídos, os metais pesados podem entrar na cadeia alimentar. A avaliação dos resíduos sólidos provenientes de lixeiras nas zonas municipais de Kerala contém metais pesados, incluindo Hg, Cr, Cd, Mn, Pb, Cu, etc. (Verma e Dileep, 2004).

1.6.2 Sítios poluídos selecionados em Kerala

A poluição do ambiente é uma preocupação séria porque causa graves problemas de saúde nas plantas e nos animais. Devido à vasta urbanização, grandes quantidades de poluentes são libertadas para o ambiente, levando à destruição drástica do nosso ecossistema. Foram selecionados três locais poluídos de Kerala para a avaliação de metais pesados devido aos seus recentes problemas relacionados com a poluição. Um deles é a aldeia de Vilapilsala, situada na capital do estado de Kerala, Thiruvananthapuram. A aldeia era utilizada para a descarga de resíduos sólidos urbanos gerados na cidade de Thiruvananthapuram. Em 2000, o Governo de Kerala criou uma unidade centralizada de tratamento de resíduos para a capital, num terreno público de 12 acres na aldeia de Vilapilsala. O plano era instalar uma instalação moderna e bem equipada que produzisse fertilizantes a partir dos resíduos biodegradáveis. No entanto, a área da corporação da cidade gerava cerca de 300 toneladas, o que excedia a capacidade instalada de cerca de 157 toneladas. Consequentemente, era impossível para a fábrica processar uma quantidade tão grande de lixo na unidade de processamento. A área da lixeira também aumentou devido ao despejo descontrolado. Este despejo descontrolado representa um grande risco para a saúde dos residentes locais. Devido ao despejo de resíduos sólidos, verificou-se uma séria ameaça para as águas subterrâneas e para os rios. Como resultado, a qualidade da água diminuiu drasticamente, o que se tornou uma séria ameaça para a disponibilidade de água potável e para a saúde pública das pessoas que vivem em Vilappilsala Panchayat. As pessoas que vivem nas zonas próximas alegaram graves problemas de saúde, como doenças de pele, doenças respiratórias e outras. Juntamente com os resíduos sólidos, foram misturados, intencionalmente ou não, resíduos biodegradáveis e não degradáveis, como plásticos, pilhas e resíduos electrónicos. Consequentemente, a possibilidade de toxicidade dos metais também aumentou. As infiltrações de materiais residuais e de água do local também poluíram as fontes de água e o solo próximos com vários metais pesados (Lathika e Sujatha 2015). O nível destes metais pesados estava acima do limite máximo no solo de Vilapilsala, de acordo com o relatório FAI (2007).

O segundo local selecionado é Plachimada, uma pequena aldeia no distrito de Palakkad, conhecido como a "bacia do arroz de Kerala". A maioria da população de Plachimada é constituída por *adivasis* (povos indígenas). Os níveis de cádmio e chumbo nas águas e no solo circundantes tinham aumentado consideravelmente devido à fábrica de coco-cola em Plachimada. Os recursos hídricos foram declarados gravemente poluídos por metais pesados letais contidos nas lamas tóxicas geradas pela empresa (Kerala Pollution Control Board, 2003). A fábrica também despejava resíduos sólidos num aterro sanitário dentro do recinto da fábrica e, em consequência, o cádmio presente no solo tinha levado à sua lixiviação para os poços. A população local de Plachimada alegou que o nível de água nos poços e a qualidade das águas subterrâneas estavam a diminuir (Yuvajanvedi, 2002). A água em Plachimada e na zona circundante está contaminada com cobre, cádmio, chumbo e crómio, mais do que o nível admissível pela Organização Mundial de Saúde. A Universidade Agrícola de Kerala verificou que as amostras de forragens, leite e ovos recolhidas na zona de Plachimada contêm os elementos acima referidos a níveis tóxicos. Uma quantidade elevada de metais pesados estava presente no poço panchayat, o que constitui um grave problema de saúde pública. As leis de controlo da poluição destinam-se a proteger a qualidade do ambiente (Hazard Centre and People's Science Institute, 2005), o que mais tarde ajudou a população de Plachimada e a fábrica foi encerrada.

A Kerala Minerals and Metals Ltd (KMML) é uma das principais empresas lucrativas do sector público, situada na faixa costeira de Chavara, distrito de Kollam, em Kerala. A KMML produz lamas perigosas como produto residual durante a produção de dióxido de titânio. Estas lamas contêm grandes quantidades de metais pesados (Jayasree *et al.*, 2009). A gestão incorrecta dos produtos residuais resulta na sua percolação para a coluna de água circundante, o que leva à degradação de todo o ecossistema. Estes contaminantes de metais pesados destruirão completa e permanentemente o ecossistema aquático e terrestre circundante. A concentração de metais pesados nestas amostras de água está para além do limite desejável das normas de água potável prescritas pelo BIS, OMS e FAO. Isto pode dever-se à descarga de resíduos industriais não tratados e à lixiviação de águas residuais poluídas na área de estudo (Humsa *et al.*, 2015). Nas últimas três décadas, uma enorme quantidade de lamas contaminadas não tratadas com metais pesados foi gerada pela KMML na área de Chavara (Remya e Jaya, 2013). Devido a um sistema de gestão de resíduos inadequado, estes materiais residuais provocam a contaminação de todos os ecossistemas aquáticos nessa área, levando à acumulação de níveis elevados de metais pesados como Cu, Mn, Zn, Fe, Pb, Cd, Ni, Co, Cr (Meera *et al.* 2015) nas plantas.

1.7 Plantas que crescem em solos contaminados por metais

A poluição leva a variações nas condições ambientais prevalecentes. Várias plantas resistem a condições poluídas e muitas outras não. Baker e Walker (1990) categorizaram as plantas em três grupos, de acordo com a sua estratégia para lidar com a toxicidade dos metais no solo: excludentes de metais, indicadoras e acumuladoras ou hiperacumuladoras.

1.7.2 Excludentes

Os excluidores de metais são um grupo de plantas que mantêm baixos níveis de concentração de metais nas suas partes aéreas, limitando a quantidade de metais translocados das raízes para os rebentos. Foram registadas grandes quantidades de metais nas raízes de espécies excluidoras (Baker e Walker 1990). Exemplos de espécies de exclusão são *Agrostis stolonifera*, *Commelina communis, Oenothera biennis, Silene maritime,* plantas lenhosas como *Pinus radiata Salix* e *Populus* (Wei *et al.*, 2005; Maestri *et al.*, 2010).

1.7.3 Acumuladores ou hiperacumuladores

Os hiperacumuladores de metais concentram metais nos seus tecidos aéreos a níveis que excedem os presentes no solo (Kachout *et al.*, 2009). A hiperacumulação de metais pesados por plantas superiores é um fenómeno complexo e envolve várias etapas que começam com o transporte de metais através da membrana plasmática das células radiculares (Ravindra *et al.*, 2009). O principal processo envolvido na hiperacumulação inclui a quelação de metais no citoplasma com vários ligandos, como fitoquelatinas, metalotioninas e proteínas de ligação a metais, seguida do sequestro de metais no vacúolo através de transportadores localizados no tonoplasto (Prasad, 2000). Atualmente existem cerca de 420 espécies pertencentes a 45 famílias que actuam como hiperacumuladoras de metais pesados (Cobbett, 2003). As famílias de plantas com elevado número de acumuladores são Asteraceae, Brassicaceae, Euphorbiaceae, Fabaceae, Flacourtiaceae e Violaceae (Rajakaruna *et al.*, 2006). Os hiperacumuladores são populações de espécies que se encontram geralmente em solos ricos em metais pesados e depósitos minerais naturais em todo o mundo. Alguns hiperacumuladores incluem *Polygonum hydropiper, Rumex acetosa, Plantago lanceolata, Alternantheraphiloxeroides, Gomphrena globosa, Celosia argentea, Plantago rugelii, Alliaria officinalis, Taraxacum officinale, Ambrosia artemisiifolia, Acer rubrum, Streptanthus, Canna generalis, Brassica juncea, Thlaspi rotundifolium, Alyssium lesbiacum, Cassia auriculata, Dodonaea viscos, Jatropha curcas, Vetiveria zyzaniodes, Verbascum olympicum, Sedum alfredii, Nerium oleander* e *Pelargonium* (Pollard, 1980 ; Jackson, 1998; Banuelos *et al.,* 1993 ; Pichtel *et al.*, 1999 ; USEPA, 2000 ; Trampczynska *et al.*, 2001 ; Prasad, 2001; Kupper *et al.*, 2001; Nagaraju e Karimulla, 2002 ; Boonyapookana *et al.,* 2005 ; Gulerytiz *et al.*, 2006; Yang *et al.*, 2006; Mellem, 2008 ; Mangkoedihardjo e Surahmaida, 2008). Árvores como *Salix* sp., *Brassica napus, Kochia scoparia, Quercus ilex* e *Acasia nilotica* também apresentam capacidade de fitoacumulação (Prasad e Freitas, 2000).

1.6.3 Indicadores

Os indicadores de metais acumulam metais nos seus tecidos aéreos. A diferença em relação aos hiperacumuladores é que os níveis de metais na parte aérea destas plantas reflectem geralmente a concentração de metais no ambiente circundante (Baker e Walker, 1990). Se estas plantas continuarem a absorver metais, acabarão por morrer. Estas plantas são de importância biológica e ecológica, uma vez que são indicadores de poluição e também absorvem poluentes (Mganga *etal.* ,2011).

1.8 Tecnologias para a recuperação de solos poluídos

[stth]A crescente consciencialização ambiental foi estabelecida no século XXI devido à eliminação da poluição drástica no século XX. Uma ação governamental e uma legislação insuficientes levaram à contaminação maciça dos recursos hídricos subterrâneos e do solo a nível mundial (Huq *et al.*, 2002; Koundouri, 2005). A eclosão de epidemias silenciosas, como a doença *itai-itai* e o infame episódio de Minamata, no Japão, chamaram a atenção do público e provocaram mudanças consideráveis na sociedade. Foram tomadas várias medidas positivas por todas as nações para sensibilizar o público e combater a poluição ambiental através da

aplicação de regras governamentais rigorosas (Cunningham *et al.*, 1995). A eliminação adequada dos resíduos perigosos e a limpeza dos sítios contaminados existentes tornaram-se uma grande dor de cabeça para muitas nações em todo o mundo. Para isso, iniciou-se a procura de tecnologias eficientes e económicas que pudessem ser utilizadas para remediar os locais de resíduos.

A recuperação de sítios contaminados em grande escala não é uma tarefa fácil e exige a aplicação de várias medidas regulamentares. Foram adoptadas diferentes abordagens para remediar a poluição do solo e da água. Estas podem ser amplamente classificadas em duas, nomeadamente abordagens físico-químicas e biológicas. A abordagem físico-química inclui o processamento e o enterramento do solo, a fixação, a inativação, a lixiviação, etc. (Salt *et al.*, 1995, 1998). Estas técnicas físico-químicas convencionais não são amigas do ambiente e são dispendiosas (Ghosh e Singh, 2005). Tecnicamente, estes métodos não se destinam a grandes sítios, mas sim a sítios pequenos, e podem alterar drasticamente a estrutura e a fertilidade do solo (Qiu *et al.*, 2006). A bioremediação inclui: (i) a utilização de microrganismos para desintoxicar os metais e (ii) a utilização de plantas para remediar o solo ou a água poluídos. A segunda abordagem é denominada fitorremediação, que é considerada uma técnica altamente promissora para a recuperação de sítios poluídos. A técnica de fitorremediação é mais barata do que as técnicas físico-químicas convencionais (Garbisu e Alkorta, 2001).

1.8.1 A fitoremediação como tecnologia verde e limpa

A fitorremediação é também designada por "biorremediação botânica" e está a tornar-se uma área de investigação promissora, que tem um efeito tremendo na descontaminação de solos e águas poluídos (Lai e Chen, 2009). A principal motivação subjacente ao desenvolvimento de tecnologias de fitorremediação é a remediação ecológica e económica (Ensley, 2000). O termo fitorremediação é uma invenção relativamente recente, mas é uma prática antiga (Cunningham *etal.*, 1997; Brooks, 1998). Algumas plantas que crescem em solos que contêm metais desenvolveram a capacidade de acumular grandes quantidades de metais nos seus tecidos sem apresentarem sintomas de toxicidade (Entry *et al.*, 1999). Chaney (1983) foi o primeiro a sugerir o termo "hiperacumuladores" para as plantas utilizadas na fitorremediação de metais. A fitoremediação consiste em quatro tecnologias diferentes baseadas em plantas, cada uma com um mecanismo de ação diferente para a remediação de meios de crescimento poluídos por metais. Estas incluem: rizofiltração, que envolve a utilização de plantas para limpar vários ambientes aquáticos; fitoestabilização, em que as plantas são utilizadas para estabilizar em vez de limpar o solo contaminado; fitovolatilização, que envolve a utilização de plantas para extrair certos metais do solo e depois libertá-los para a atmosfera através da volatilização e fitoextracção, em que as plantas absorvem metais do solo e os translocam para os rebentos colhíveis onde se acumulam.

24

2. OBJECTIVO E ÂMBITO DO ESTUDO

A revolução industrial conduziu à contaminação do solo por metais pesados. O cádmio, o chumbo e o crómio estão entre os metais pesados mais perigosos (Bryan e Langston, 1992). Embora existam vários relatórios sobre as propriedades nutritivas e medicinais das plantas, os estudos sobre a tolerância ecológica das plantas infestantes são poucos e fragmentários. Sabe-se que muitas plantas infestantes são utilizadas para bioremediação. Várias espécies de *Alternanthera* foram documentadas para este efeito. A presente investigação teve por objetivo estudar o impacto de três metais pesados Cr, Cd e Pb em duas espécies de *Alternanthera* - *Alternanthera tenella e Alternanthera sessilis* - pertencentes à família Amaranthaceae. Estas ervas daninhas estão disseminadas em muitas áreas geográficas e são conhecidas pela sua capacidade de sobreviver ao stress agudo.

O objetivo do estudo foi avaliar o impacto de metais pesados como o cádmio, o crómio e o chumbo nas plantas experimentais e o potencial de stress destas plantas em termos de interferência fisiológica na distribuição de metabolitos, na bioacumulação de contaminantes do solo e nas caraterísticas do solo residual.

Os parâmetros estudados incluem variações morfológicas, bioquímicas e moleculares devidas ao stress de metais pesados em plantas selecionadas.

Objectivos

Estudar as caraterísticas do solo poluído e do solo de jardim.

Padronização do nível limiar de diferentes concentrações de Cd, Cr e Pb em duas espécies de *Alternanthera*.

Avaliação das variações morfológicas e do padrão de crescimento em termos de raiz, rebento, entrenó e comprimento da folha, área foliar e distribuição da biomassa em plantas selecionadas em diferentes tratamentos.

Avaliar a acumulação de três metais na raiz, caule e folhas de duas espécies de *Alternanthea*.

Avaliação do teor de metais no solo seguida do cálculo do fator de bioconcentração e do fator de translocação sob stress de metais pesados.

Objetivo e âmbito do estudo

Estimativa dos metabolitos primários como hidratos de carbono, proteínas, lípidos, aminoácidos, antioxidantes não enzimáticos e enzimáticos

Perfil de pigmentos fotossintéticos.

^ Análise electroforética para detetar a síntese ou degradação de proteínas sob stress de metais pesados.

Isolamento da proteína relacionada com o stress Metallothionien.

3. REVISÃO DA LITERATURA

O solo tem sido o local de eliminação da maior parte dos resíduos de metais pesados, que precisam de ser remediados. Os métodos convencionais de remediação de solos contaminados com metais pesados são dispendiosos e destrutivos para o ambiente (Aboulroos *et al.*, 2006), o que levou à descoberta de tecnologias alternativas ecológicas e económicas. A dispersão de resíduos industriais e urbanos gerados pelas actividades humanas leva ao confinamento do solo. Uma vasta gama de compostos inorgânicos e orgânicos causa contaminação no nosso ambiente. Os contaminantes mais comuns no nosso ambiente incluem substâncias combustíveis, metais pesados, explosivos, resíduos perigosos e produtos petrolíferos. Os principais componentes dos contaminantes inorgânicos são os metais pesados (Adriano, 1986), que representam um problema mais grave do que os contaminantes orgânicos. Muitos metais são essenciais para as plantas como micronutrientes, embora todos os metais sejam tóxicos em concentrações mais elevadas. A elevada concentração de metais pesados no meio de cultura causa stress oxidativo através da formação de radicais livres. Muitos metais têm a capacidade de substituir metais essenciais em pigmentos ou enzimas que, por sua vez, perturbam a sua função (Henry, 2000).

3.1 Efeito do stress de metais pesados nas plantas

Os metais com peso atómico superior a 20, densidade metálica superior a 5 g cm^3 e gravidade específica superior a 4 são considerados metais pesados. A fração de metais no ambiente é altamente variável e é introduzida na atmosfera tanto por fontes naturais como antropogénicas. A Agência Americana para o Registo de Substâncias Tóxicas e Doenças (ATSDR-2007) forneceu uma lista de prioridades de metais tóxicos a remediar, na qual se encontram o arsénio (1º lugar), o chumbo (2º lugar), o mercúrio (3º lugar), o cádmio (7º lugar), o níquel (53º lugar) e o crómio (65º lugar). As águas residuais industriais e o escoamento agrícola são fontes potenciais de metais pesados nos solos e na água (Saint-Laurent *et al.*, 2010; Alam *et al.*, 2011).

A poluição da biosfera por metais tem representado uma séria ameaça para a humanidade devido à sua incorporação na cadeia alimentar, resultando na degradação do ecossistema (Chary *et al.*, 2008). Embora os metais pesados sejam essenciais para a maioria das reacções redox durante as funções celulares, as suas concentrações para além dos limites toleráveis conduzem à produção de espécies reactivas de oxigénio (ROS). Em células vegetais saudáveis e jovens, este processo é mantido sob controlo, mas condições ambientais desfavoráveis podem levar à geração de stress oxidativo. As ERO são altamente tóxicas e podem oxidar macromoléculas biológicas, perturbando assim a permeabilidade das membranas e conduzindo, em última análise, à morte das células vegetais (Schutzendubel e Polle, 2002; Sudo *et al.*, 2008). Nas plantas, o stress provocado por metais pesados causa várias anomalias morfológicas, parâmetros bioquímicos alterados que resultam em danos oxidativos nas células (Flora *et al.*, 2008). As plantas expostas a níveis elevados de Cd apresentaram uma redução da fotossíntese, da absorção de água e de nutrientes, bem como sintomas visíveis de lesões reflectidos em termos de clorose, inibição do crescimento e escurecimento das pontas das raízes, o que conduz finalmente à morte (Yadav, 2010).

3.1.1 Efeito do cádmio nas plantas

O cádmio é conhecido por ser um dos metais pesados mais fitotóxicos (Fodor, 2002; Ederli *et al.*, 2004). Uma baixa concentração de Cd pode reduzir o crescimento da raiz através da formação de paredes celulares no tecido radicular em crescimento da hipoderme em raízes de feijão (Vazques *et al.* 1992). Em plantas herbáceas, a redução do alongamento das raízes sob stress de cádmio foi causada por inibição da mitose, diminuição da síntese de componentes da parede celular, deformação do aparelho de Golgi ou alterações no metabolismo dos hidratos de carbono nas raízes (Punz e Sieghardt, 1993). Em *Typha Iatifoila,* quando tratada com cádmio, as folhas tornam-se cloróticas antes da colheita (Ye *et al* 1997). Devido à absorção e acumulação de cádmio, o alongamento das folhas e das raízes e o peso seco dos rebentos e das raízes foram reduzidos nas plântulas de *Typha latifolia*, mesmo na presença de 50 µg ml^{-1} de cádmio. Em plântulas de *Triticum aestivum*, o tratamento com cádmio leva à inibição do crescimento da raiz e da absorção de iões (Abdel, 2008).

O cádmio é um inibidor do desenvolvimento dos cloroplastos e dos processos fotossintéticos nas plantas superiores (Rasico *et al.*, 1993). Foram relatados efeitos drásticos do cádmio na síntese de clorofila, nos centros de reação e na distribuição de energia do fotossistema II em *Cannabis sativa* (Linger *et al.*, 2002). Em *Triticum aestivum*, a síntese retardada de clorofila é uma caraterística do stress por cádmio (Abdel, 2008). Em *Brassica napus*, verifica-se que ocorre uma redução dos carotenóides na presença de cádmio, o que, por sua vez, induz danos nos pigmentos de clorofila (Larsson *et al.*, 1998). Em *Lonicerajaponica*, a diminuição do teor de clorofila é utilizada para identificar os danos induzidos pelo cádmio (Liu *et al.,* 2009).

O cádmio bloqueia a síntese da redutase do nitrato em *Zea mays* através da deslocação de um ião metálico essencial da unidade funcional central da enzima (Shankar *et al.*, 2000). Kumar *et al.* (2002) salientaram que os iões de cádmio interferem por vezes com grupos sulfidrais que determinam frequentemente os aspectos funcionais e estruturais da proteína. Rai *et al,* (2003) referiram que, em *Potamogetonpectinatus*, a redução das proteínas totais na presença de cádmio ocorreu provavelmente pela utilização de aminoácidos contendo enxofre para quelatar metais, seguida de sequestro. A síntese de fitoquelatina induzida pela toxicidade do cádmio para sequestrar o metal foi registada em vários estudos (Leopold *et al.*, 1999; Kubota *et al.*, 2000). Foi registado um aumento da produção de fitoquelatina devido à toxicidade do cádmio em *Bacopa monnieri* (Ali *et al.*, 2000), *Phragmitis australis* (Ederli *et al.*, 2004) e *Arabidopsis halleri* (Weber *et al.*, 2006). A síntese de fitoquelatinas devido ao cádmio confere a sua translocação em *Arabidopsis thaliana* (Cheng *et al.*, 2002). De acordo com Wu e Zhang (2002), o cádmio é um dos metais pesados tóxicos que podem ser absorvidos pelas raízes, translocados para os tecidos acima do solo e acumulados nas partes colhidas, entrando assim na cadeia alimentar e tornando-se uma ameaça potencial para a saúde humana. A absorção e a translocação de cádmio em diferentes partes da mesma planta existem devido a variações genéticas (Stolt *et al.*, 2003, 2006).

A acumulação de malondialdeído (MDA), que é um produto da peroxidação lipídica, é um dos indicadores mais amplamente aceites de danos oxidativos devidos ao cádmio em *Bidenspilosa* (Sun *et al.*, 2009). O stress oxidativo induzido pelo cádmio, que por sua vez leva à acumulação de malondialdeído, foi relatado nas raízes de *Lonicera japonica* (Liu *et al.*, 2009). Como mecanismo de defesa, as enzimas antioxidantes, especialmente a superóxido dismutase e a catalase, aumentaram nas folhas e raízes de *Lonicera* juntamente com o aumento da concentração de cádmio no meio. Foi observado um aumento do teor de glutatião como consequência do tratamento com Cd em *Bacopa monnieri* (Mishra *et al.*, 2006), *Triticum aestivam* (Sun *et al.*, 2005), *Phaseolus vulgaris* (Smeets *et al.*, 2005) e *Brassicajuncea* (Szollosi *et al.*, 2009). O aumento da atividade da SOD e da CAT devido à elevada acumulação de cádmio foi observado em *Thlaspi cuerulescecns* (Boominathan e Doran, 2003), *Solanum nigrum* (Wang *et al.*, 2008) e *Bidens pilosa* (Sun *et al.*, 2009). Em geral, o cádmio é altamente tóxico para as plantas e é prejudicial ao seu crescimento e desenvolvimento.

3.1.2 Efeito do crómio nas plantas

As plantas tratadas com crómio apresentaram várias formas de atraso no crescimento e alterações fisiológicas. (Samantaray, 2002). A fitotoxicidade mediada pelo crómio resultou na inibição da germinação das sementes, na redução do teor de pigmentos, no desequilíbrio dos nutrientes e na produção de antioxidantes, o que provocou stress oxidativo nas plantas (Panda *et al.*, 2000). Um teor enorme de crómio no solo provoca uma necrose grave nas folhas e um crescimento atrofiado das raízes, o que leva à morte das plântulas *de* eucalipto, tendo sido também registada a descoloração das folhas da *Acacia mangium* devido ao teor excessivo de crómio no solo (Malajczuk e Dell, 1995). Moral *et al.* (1995). O crómio afecta o crescimento das raízes, o comprimento das raízes e o peso seco das plantas (Iqbal *et al.*, 2001). O tratamento com crómio em *Brassica oleraceae* resultará numa diminuição do potencial hídrico e na redução do diâmetro dos vasos da traqueia (Chatterjee e Chatterjee, 2000). O rendimento e a produção de biomassa são afectados pelo crómio (Cr IV) em muitas plantas (Shanker *et al.* 2005). Como resultado da toxicidade do crómio, verificou-se que a produção de biomassa foi reduzida em *Oryza satira* (Panda, 2007).

Foi relatado que a síntese de clorofila é inibida pelo crómio (Vajpayee *et al.*, 2000). Em muitas plantas, a síntese de clorofila b é inibida pela influência do crómio no seu meio de crescimento (Panda e Chowdhary, 2005; Shankar *et al.*, 2005). Foi registada uma clorose foliar grave e um crescimento atrofiado em plantas *de Vigna radiata* devido ao tratamento com crómio (Rout *et al.*, 1997). O crómio reduz indiretamente a síntese de clorofila e de carotenóides através da inibição do transporte de ferro e de zinco para as folhas (Samantaray, 2002). Os pigmentos fotossintéticos e as proteínas foram reduzidos devido ao efeito tóxico do crómio em *Ocimum teneflorum* (Rai *et al.*, 2004). Shanker *et al.*, 2005 referiram que o stress do crómio é um dos factores importantes que afectam a fotossíntese.

Pulford *et al.* (2001) sugeriram que o crómio é pouco translocado para as partes aéreas e que se encontra predominantemente ligado às raízes. Embora cultivadas em solos ricos em crómio, a maioria das plantas apresenta uma baixa concentração de crómio no tecido dos rebentos, porque cerca de 99% do crómio absorvido é retido no tecido radicular (Yadav *et al.*, 2005). A translocação do crómio ocorre através de transportadores de membrana como os transportadores de sulfato nas plantas (Hosseini *et al.*, 2007). Shanker *et al.* (2005) referiram que *a Albizia amara* é um potencial acumulador de crómio e recomendado para fitorremediação.

Aumento da produção de biomoléculas como o glutatião e a fitoquelatina, que podem conferir resistência ao stress induzido pelo crómio. O crómio estimula a formação de radicais livres e de espécies reactivas de oxigénio (ERO), como os radicais superóxido (O_2 -), os radicais hidroxilo (OH) e o peróxido de hidrogénio ($H O_{22)}$, que provocam danos oxidativos nas biomoléculas celulares (Kanazawa *et al.*, 2000). O Cr^{6+} induziu a atividade da catalase e da monodehidroascorbato redutase, ao passo que o Cr^{3+} não conseguiu exercer esse efeito. Shanker *et al.* (2003) referiram a indução e ativação de enzimas antioxidantes como um dos mecanismos de desintoxicação do crómio nas plantas. Foi observado um aumento da atividade da superóxido dismutase nos tecidos radiculares em *Pisum sativum* exposto ao Cr^{6+} (Dixit *et al.*, 2002. Panda e Choudhury (2005) sugeriram que se verificou uma diminuição da atividade da catalase, tendo também sido registada a inibição da atividade da catalase devido à toxicidade do cádmio. O crómio afecta as actividades catalíticas de enzimas antioxidantes como a superóxido dismutase, a catalase, a peroxidase e a glutationa redutase.

A peroxidação lipídica resultou na geração de ROS como H O$_{22}$, e O^2 - e o consequente aumento de MDA ocorre nas plantas devido ao stress do crómio. A atividade das enzimas antioxidantes superóxido dismutase aumentou para compensar o stress oxidativo induzido pelo crómio (Panda *et al.*, 2003). Rai *et al.* (2004) relataram a hiperatividade da superóxido dismutase, do guaicol peroxidase e da catalase em *Ocimum tenuiiflorum* tratado com sal de crómio como uma medida de proteção da planta contra o stress do crómio. O aumento da atividade da peroxidase e da catalase devido à exposição ao crómio em duas cultivares de *Brasstca napus* revelou que estas enzimas aumentam proporcionalmente à concentração de crómio (Hosseini *et al.*, 2007).

3.1.3 Efeito do chumbo nas plantas

O chumbo não é fisiologicamente essencial para as plantas, mas é absorvido e acumulado nas plantas e é prejudicial ao crescimento, levando a envenenamento por Pb (Kabata e Pendias, 1999).

Vários estudos sobre o efeito do chumbo nas plantas revelaram que a inibição do crescimento é mais proeminente nos sistemas radiculares do que nos rebentos (Ghani 2010). O chumbo reduz a área foliar, a massa seca e a altura das plantas em *Brasstca oleraceae* (Kastori *et al.,* 1998). Uma concentração elevada de chumbo inibe o crescimento das raízes principais e das raízes laterais em *Phaseolus vulgaris* (Hamid *et al.*, 2010). Em *Jatropha curcas*, o comprimento das raízes, o crescimento das folhas e a fotossíntese diminuíram com o aumento da concentração de Pb (Shu *etal.*, 2011).

A diminuição da síntese de clorofila devido à toxicidade do chumbo resultou na clorose das folhas (Salati *etal.*, 1999). A fixação fotossintética de dióxido de carbono é reduzida devido à toxicidade do chumbo nas folhas de *Festuca arundtnacea* (Fodor, 2002). Em *Lemna minor*, girassol e pepino, o teor de clorofila diminuiu devido ao tratamento com chumbo (Fodor, 2002). O movimento do chumbo da solução do solo para a superfície da raiz faz-se por fluxo de massa ou difusão, que é controlado pela concentração do metal na solução e pela taxa de transpiração da planta.

A bioacumulação de chumbo foi diretamente proporcional à concentração de chumbo nos meios de enraizamento de *Beta vulgaris* e a acumulação máxima de chumbo verificou-se nas raízes. O peso seco total da raiz e do rebento de *Beta vulgaris* foi reduzido com o aumento da concentração de chumbo (Kastori *et al.* 1996). A acumulação de chumbo não é uniforme entre as diferentes zonas das raízes das plântulas de milho (Michalak e Wierzbicka, 1998). Foram registados resultados semelhantes em raízes de *Alltum cepa*. As concentrações mais baixas de chumbo foram encontradas na base da raiz, as pontas das raízes continham as concentrações mais altas de chumbo e concentrações intermédias foram encontradas nas partes proximais das raízes. Uma quantidade significativa de chumbo foi medida na seiva do xilema do pepino, na qual o chumbo é retido na raiz, mas alguma quantidade é transportada para o rebento (Varga *et al.*, 1999). Em plantas expostas ao chumbo, foram observadas maiores concentrações de metais pesados na ponta da raiz, menores na zona de alongamento e as menores na parte basal da raiz (Malkowski *et al.*, 2002). Nas plantas terrestres, a maior parte do chumbo que entra na raiz acumula-se na endoderme, que serve de barreira ao movimento radial, restringindo assim a translocação para o rebento (Fodor, 2002). Em *Phaseolus vulgaris*, o aumento do teor de chumbo no solo leva a reduções do teor de proteínas, hidratos de carbono, clorofila, ARN e ADN. No entanto, o conteúdo fenólico das plantas estava a aumentar com o aumento dos níveis de chumbo de metais pesados (Hamid *et al.*, 2010)

3.2 Mecanismos de defesa utilizados pelas plantas contra o stress causado por metais pesados

As plantas possuem um sistema de defesa altamente sofisticado e interligado para superar a toxicidade dos metais pesados e tolerá-los. A principal linha de defesa contra os metais nas plantas é constituída por barreiras físicas. Muitas estruturas morfológicas de defesa, como a cutícula espessa, os tecidos biologicamente activos, como os tricomas, e as paredes celulares presentes nas plantas ajudam a aumentar a tolerância aos metais pesados. A simbiose micorrízica também pode atuar como barreira quando as plantas estão em contacto com metais pesados (Hall, 2002, Wong *et al.*, 2004, Harada *et al.*, 2010). Se estes metais pesados conseguirem ultrapassar as barreiras biofísicas, os iões metálicos que entram nos tecidos das plantas iniciam vários mecanismos de defesa celular para ultrapassar os efeitos adversos dos iões metálicos. A síntese de várias biomoléculas celulares é a principal forma de tolerar e anular a toxicidade do metal. Isto inclui a indução de quelantes proteicos de baixo peso molecular, tais como ácidos orgânicos, putrescina, espermina, glutatião, ácidos mugineicos, fitoquelatinas e metalotioneínas. Foram também gerados vários exsudados celulares para superar o stress, como flavonóides, compostos fenólicos, proteínas de choque térmico e aminoácidos de stress, como a prolina e a histidina, e hormonas como o ácido salicílico, o etileno e o ácido jasmónico (Dalvi e Bhalerao, 2013 e Viehweger, 2014). Quando as defesas primárias acima mencionadas não são capazes de retificar o envenenamento por metais pesados, o equilíbrio dos sistemas redox celulares nas plantas é perturbado, o que leva ao aumento da produção de ROS (Mourato *et al.*, 2012). Para atenuar os efeitos nocivos dos radicais livres produzidos como resultado do stress, as células vegetais desenvolveram um mecanismo de defesa antioxidante que é composto por antioxidantes enzimáticos como a superóxido dismutase (SOD), a catalase, (CAT), ascorbato peroxidase (APX), guaiacol peroxidase (GPX), etc. e antioxidantes não enzimáticos como ascorbato (AsA), glutatião (GSH), carotenóides, etc., que podem atuar como eliminadores de radicais livres (Michalak, 2006; Rastgoo *et al.*, 2011 e Sharma *et al.*, 2012). Estas moléculas biológicas envolvidas na desintoxicação celular de metais são multifuncionais e têm muitas funções, tais como actividades antirradicalares, quelantes ou antioxidantes. A produção de biomoléculas depende das espécies vegetais, do seu nível de tolerância aos metais, da fase de crescimento da planta e do tipo de metal (Solanki e Dhankhar, 2011).

A acumulação de espécies reactivas de oxigénio (ROS) induzida pelo stress leva a um desequilíbrio no sistema de defesa antioxidante, resultando em stress oxidativo para a planta. As ERO capazes de causar danos oxidativos incluem o superóxido (O_2 -), o radical hidroxi (OH-), o radical peridroxilo (HO_2 -), o radical alcoxi (RO·), o radical peroxi (ROO·), o peróxido de hidrogénio (H O_{22}), o hidroperóxido orgânico (ROOH), o carbonilo excitado (RO·), o oxigénio singlete ($O^1{}_2$), etc. (Arora *et al.*, 2002; Bhattacharjee, 2005). As principais vias de eliminação de ROS incluem vários antioxidantes não enzimáticos e enzimáticos (Dat *et al.*, 2000; Mittler, 2002). Os antioxidantes não enzimáticos, como o tocoferol, o ascorbato e o glutatião, reagem diretamente ou através de reacções de catálise enzimática com o radical hidroxilo (OH.), o peróxido de hidrogénio (H O_{22}), ou O_2 - enquanto os carotenos actuam diretamente como supressores das espécies reactivas de oxigénio (Nunez *et al.*, 2004; Ozdemir *et al.*, 2004). Os dois tióis biológicos de baixo peso molecular mais importantes, como o glutatião (GSH) e a cisteína, têm grande afinidade pelos metais pesados tóxicos. A GSH também é utilizada como substrato para a fitoquelatina e, por conseguinte, é muito importante para a desintoxicação de metais pesados (Freeman *et al.*, 2004; Yadav *et al.*, 2010). As fitoquelatinas (PCs) são pequenos polipéptidos ricos em cisteína, que se ligam a metais pesados, com a estrutura geral de (Glu-Cys) *nGly*, presentes em plantas, fungos e outros organismos (Grill *et al.*, 1985; Gekeler *et al.*, 1988; Piechalak *et al.*, 2002; Yadav *et al.*, 2010). As PCs formam complexos com iões metálicos tóxicos no citosol e transportam-nos subsequentemente para o vacúolo através do tonoplasto. E, através da quelação de metais, protegem as plantas do efeito tóxico dos metais pesados (Salt e Rauser, 1995).

Nos cloroplastos, a SOD actua como linha primária de defesa, dismutando o radical superóxido (O_2 ·-) em H O_{22} (Mittler, 2002). Consequentemente, a CAT, a POD, a APOX ou a GPOX desintoxicam o H O_{22} em H_2 O. A enzima APOX desintoxica o H O_{22} para H_2 O através da oxidação do ácido ascórbico em monodehidroascorbato (MDHA). O MDHA é revertido em ascorbato pela enzima monodehidroascorbato redutase (MDHAR). Além disso, o MDHA é convertido em desidroascorbato (DHA) e a DHAR é necessária para a regeneração do ascorbato (Bhattacharjee, 2005). Além disso, a GR é um requisito importante para manter os níveis de glutatião reduzido (GSH) nas células (Mittler, 2002)

A resposta das enzimas antioxidativas ao stress de níquel e cádmio em plantas hiperacumuladoras do género *Alyssum foi* investigada por Hedva e Hadar (2002). Em ambas as espécies, a atividade da superóxido dismutase (SOD) foi elevada em concentrações elevadas de Cd^{2+}, enquanto a atividade da ascorbato peroxidase (APX) permaneceu inalterada e a atividade da glutationa redutase (GR) foi reduzida. Na presença de Ni^{2+}, *Alyssum maritimum* exibiu um mecanismo típico de defesa antioxidante, como evidenciado pelas atividades elevadas de todas as três enzimas testadas. *Alyssum argenteum* apresentou um padrão de resposta enzimática diferente,

com uma redução significativa na atividade da SOD, e actividades elevadas da APX e GR apenas na concentração mais elevada de Ni^{2+}. O stress oxidativo induzido pelo crómio envolve a indução da peroxidação lipídica nas plantas, que causa danos graves nas membranas celulares. O stress oxidativo induzido pelo crómio inicia a degradação dos pigmentos fotossintéticos, causando uma diminuição do crescimento. Uma concentração elevada de crómio pode perturbar a ultra-estrutura dos cloroplastos, perturbando assim o processo fotossintético. Verifica-se que as enzimas antioxidantes como a SOD, CAT, POX e GR são susceptíveis ao crómio, o que resulta numa diminuição das suas actividades catalíticas. Este declínio na eficiência antioxidante é um fator importante na geração de stress oxidativo em plantas sob stress de crómio (Panda e Choudhury, 2005). As alterações induzidas pelo stress de crómio no metabolismo bioquímico e enzimático da alface-de-água (*Pistia Stratiotes*) e de uma planta terrestre, a soja (*Glycine max*), foram estimadas por Sankar *et al.* (2008). Foram estimados os parâmetros bioquímicos como o teor total de clorofila, carotenóides, proteínas e aminoácidos e as actividades enzimáticas como a catalase e a peroxidase. A acumulação de crómio também foi analisada em ambas as plantas. Todos os conteúdos bioquímicos e actividades enzimáticas das plântulas de alface-d'água e de soja mostraram uma grande variação em relação ao aumento das concentrações de crómio. Alieu Mohamed *et al*, (2010) relataram os efeitos do cádmio, crómio e chumbo no crescimento, absorção de metais e capacidade antioxidante em *Typha angustifolia*.

3.3 Proteómica da toxicidade dos metais pesados nas plantas

A toxicidade dos metais pesados nas plantas leva à produção de várias proteínas relacionadas com o stress. Devido ao avanço das técnicas de identificação e separação de proteínas, foram envidados vários esforços no estudo dos mecanismos moleculares subjacentes à toxicidade dos metais pesados nas plantas. No caso do stress induzido por metais pesados, os estudos proteómicos estão ainda menos representados (Liao *et al.*, 2005, Ahasan *et al.*, 2009). Os estudos proteómicos sobre os efeitos adversos dos metais pesados em diferentes espécies de plantas centraram-se no impacto da exposição ao Cd. Estudos revelaram que este metal pesado teve um efeito tóxico na expressão de proteínas envolvidas no metabolismo primário do carbono em *Populss tramula* (Kieffer *et al* 2008). O proteoma da folha de *Populss tramula* exposta ao Cd^{2+} exibiu uma maior acumulação de proteínas relacionadas com o stress, como chaperonas, proteínas de choque térmico, foldases, proteases e proteínas relacionadas com a patogénese (PR), enquanto se observou uma diminuição significativa na maioria das proteínas do metabolismo primário no tecido da raiz (Kieffer *et al* 2009). Os iões de cádmio também induziram uma maior acumulação de proteínas protectoras, tais como chaperons moleculares (Hossain *et al.*, 2012) e proteínas de choque térmico (Hossain *et al* 2012). A fim de lidar com a presença de uma elevada quantidade de metais pesados, as plantas desenvolveram um mecanismo eficaz para sintetizar quelantes de baixo peso molecular, a fim de minimizar a ligação de iões metálicos tóxicos a proteínas funcionalmente importantes (Verbruggen, 2009). Sob tratamento com cromato de *Pseudokirchneriella subcapitata*, foi relatada uma maior abundância de RuBisCO activase e modulação de proteínas envolvidas no metabolismo de aminoácidos (Vannini *et al.*, 2009). Além disso, Sharmin *et al.* (2012) descobriram uma nova acumulação de proteínas sensíveis ao crómio ligadas à tolerância a metais pesados e a vias de senescência em raízes de *Miscanthus sinensis*. Foram identificadas proteínas como resultado de alterações proteómicas induzidas na folha de milho após o tratamento com Cr, que estavam principalmente envolvidas na desintoxicação de ROS e nas respostas de defesa, bem como na fotossíntese e na organização de cloroplastos, o que indica que as plantas modificam o seu metabolismo através de uma expressão alterada de genes para se adaptarem ao stress do Cr (Wang *etal.*, 2013).

3.4 Fitorremediação do solo

A descontaminação do solo é o regresso do solo a um estado de estabilidade ecológica, juntamente com o estabelecimento de comunidades de plantas e de suportes ou apoios às condições anteriores à perturbação (Allen, 1988). As tecnologias convencionais de descontaminação do solo envolvem a remoção de metais através da lavagem do solo, da solidificação, da estabilização, da vitrificação, da dessorção térmica e do encapsulamento (BIOWISE, 2003). Estas tecnologias requerem um elevado consumo de energia, maquinaria dispendiosa, destroem a estrutura do solo e diminuem a produtividade (Schnoor, 1997; Leumann *etal.*, 1995). A fitorremediação é uma abordagem multidisciplinar integrada para a limpeza de solos contaminados, que combina a disciplina da fisiologia vegetal, a química do solo e a microbiologia do solo (Cunnigham e Ow, 1996). Certas espécies de plantas vasculares podem acumular concentrações muito elevadas de metais nos seus tecidos sem demonstrar toxicidade (Bennet *et al.*, 2003).

David *et al.* (1995) discutiram os mecanismos biológicos de absorção, translocação e resistência a metais tóxicos, bem como estratégias para melhorar a fitoremediação. Jianwei *et al.* (1997) investigaram o potencial da adição de quelatos a solos contaminados com chumbo para aumentar a acumulação de chumbo nas plantas. Salt *et al.* (1998) documentaram os mecanismos fisiológicos e moleculares da fitoremediação. A capacidade do *Polygonum hydropiper* e da *Rumexacetosa* para remover metais pesados do solo foi investigada por Jackson (1998). Yong *et al.* (2003) analisaram os mecanismos de fitorremediação de solos contaminados por substâncias orgânicas, tais como a adsorção e a degradação na rizosfera, a absorção pelas plantas, a transformação e o modelo de fitorremediação, juntamente com as propriedades dos poluentes, as espécies vegetais, as propriedades do solo, a coexistência de poluentes e as condições climáticas. Karthikeyan *et al.* (2003) referiram que a utilização da vegetação na recuperação de solos e águas subterrâneas contaminados com materiais orgânicos constitui uma alternativa promissora e económica aos métodos de tratamento mais estabelecidos utilizados nos locais de descarga de resíduos perigosos.

Pollard (1980) referiu que uma erva daninha comum, *Plantago lanceolata,* tem potencial para acumular rapidamente arsénio. *A Altemanthera phtloxerotdes* foi eficaz na remoção de mercúrio e chumbo de zonas poluídas (Banuelos *et al.,* 1993). A fitovolatilização do mercúrio por transgénicos como *Ntcottana tabaccum* e *Arabtdopsts thaltana* foi eficaz através da incorporação de genes bacterianos mer A e mer B que possuem a capacidade de transformar metil mercúrio em mercúrio elementar (Meagher, 1998). Pichtel *et al.* (1999) registaram a capacidade de fitorremediação de *Plantago rugeltt, Alliaria officinalis, Taraxacum officinale, Ambrosta artemtsttfolta* e *Acer rubrum*. Foi também documentada a fitoextracção de chumbo por *Brasstca juncea* e *Thalspt rotundtfoltum* (USEPA, 2000). Prasad e Freitas (2000) identificaram árvores como *Saltx* sp., *Brasstca napus, Kochta scoparta, Quercus tlex, Acasta ntlottca*, etc. para a fitorremediação de mercúrio. A capacidade de acumulação de níquel por *Streptanthus* de Brassicaceae foi avaliada e comunicada por Davis e Boyd (2000). Verificou-se que plantas ornamentais como a *Canna generalts* são eficazes na fitoextracção de chumbo (Trampczynska *et al.*, 2001). Verificou-se que os vegetais de folha dominantes, como *Amaranthus sptnosus* L., *Alternanthera phtloxerotdes* e *Alternanthera sesstlts*, que crescem em lamas de depuração, são aptos a acumular metais (Prasad, 2001). Kupper *et al.* (2001)

identificaram a compartimentação celular do níquel em *Alysstum lesbtacum, Cassta aurtculata, Dodonaea vtscosa e Jatropha curcas,* que possuíam a capacidade de recuperar solos contaminados com uma variedade de metais vestigiais (Nagaraju e Karimulla, 2002). As plantas ornamentais como o *Nertum oleander* e o *Pelargontum* têm a capacidade de acumular chumbo, cádmio e níquel (Prasad e Freitas, 2003). Ghosh e Singh (2005) documentaram a fitoextracção de metais pesados de solos contaminados. *A* fitoacumulação de chumbo por *Vettverta zyzantodes* foi comprovada por Boonyapookana *et al.* (2005). Gulerytiz *et al.* (2006) correlacionaram o teor de metais pesados no solo e em vários órgãos de *Verbascum olymptcum. Sedum alfredtt* foi identificado como hiperacumulador de cádmio e níquel (Yang *et al.*, 2006). Foi também documentada a fitoacumulação de solo poluído com chumbo e cádmio por *Jatropha curcas* (Mangkoedihardjom e Surahmaida, 2008).

3.5 Espécies vegetais para fitoremediação

Para identificar populações de plantas com a capacidade de acumular metais pesados, 300 acessos de 30 espécies de plantas foram testados por Ebbs *et al.,* (1997) em hidroponia durante 4 semanas, com níveis moderados de Cd, Cu e Zn. Os resultados indicaram que muitas espécies de *Brasssica*, tais como *Brasssica juncea, Brasssica napus* e *Brasssica rapa*, apresentaram uma acumulação de Zn e Cd moderadamente melhorada. Verificou-se também que eram as mais eficazes na remoção de Zn dos solos contaminados. Até à data, mais de 400 espécies de plantas foram identificadas como hiperacumuladoras de metais, representando menos de 0,2% de todas as angiospérmicas (Brooks, 1998; Baker *et al.,* 2000). As espécies de plantas que foram identificadas para a recuperação do solo incluem plantas de elevada biomassa, como o salgueiro (Landberg e Greger, 1996), ou aquelas que têm baixa biomassa mas caraterísticas de hiperacumulação elevadas, como as espécies *Thlaspi* e *Arabidopsis*.

Os hiperacumuladores que foram mais extensivamente estudados pela comunidade científica incluem *Thlaspi* sp., *Arabidopsis* sp., *Sedum alfredii*, etc. Sabe-se que *Thlaspi* sp. hiperacumula mais de um metal, ou seja, *Thlaspi caerulescens* acumula Cd, Ni, Pb e Zn, *Thlaspi goesingense* é conhecida pela acumulação de Ni e Zn, *Thlaspi ochroleucum* por Ni e Zn, e *Thlaspi rotundifolium* por Ni, Pb e Zn (Prasad e Freitas, 2003). Entre o género *Thlaspi*, a planta hiperacumuladora *Thlaspi caerulescens* recebeu muita atenção e tem sido amplamente estudada como potencial candidata para solos contaminados com Cd e Zn. Robinson *et al.,* (1998) descobriram que *Thlaspi caerulescens* como hiperacumulador de Cd e Zn pode remover até 60 kg de Zn/ha e 8,4 kg de Cd/ha. Pode acumular até 2600 10" de Zn sem mostrar qualquer lesão (Brown et al., 1995) e extrair até 22% do Cd permutável do solo do local contaminado. Também mostrou uma tolerância notável ao Cd (Sneller *et al.*, 2000; Escarre *et al.*, 2000). Whiting *et al.*

(2000) verificaram que as plantas da população de *Thlaspi carerulescens* que acumulavam Cd também apresentavam um aumento da biomassa radicular e do comprimento das raízes após a plantação num solo enriquecido com Cd, ao passo que as plantas que não acumulavam Cd não apresentavam esse aumento. A elevada absorção de Cd em *Thlaspi caerulescens* pode dever-se a uma estratégia de enraizamento específica e a uma elevada taxa de absorção resultante da existência, nesta população, de canais de transporte ou transportadores específicos de Cd na membrana da raiz (Schwartz *et al.*, 2003).

A espécie *Alyssum* tem sido amplamente estudada no que respeita à hiperacumulação de Ni. Kupper *et al.* (2001) relataram a absorção de Ni e a compartimentação celular em três hiperacumuladores de Ni: *Alyssum bertolonii, Alyssum lesbiacum* e *Thlapsigeosingense*. Estas três espécies apresentaram uma hiperacumulação de Ni semelhante, mas *Thlaspi goesingense* foi menos tolerante ao Ni do que as outras duas espécies. A adição de 500 mg Ni/kg a um meio de crescimento rico em nutrientes aumentou significativamente a biomassa de rebentos de todas as espécies. A microanálise de raios X de tecidos hidratados congelados de folhas e caules de todas as espécies mostrou que o Ni em todas as espécies estava distribuído preferencialmente nas células epidérmicas, mas presente nos vacúolos das folhas e do caule também. Kidd e Monterroso (2005) investigaram a eficiência de *Alyssum*

Serpyllifoli-Um para utilização na fitoextracção de solos contaminados com polimetais. A planta foi cultivada em dois solos de escombros de minas, um contaminado com Cr (283 mg kg^{-1}) e o outro moderadamente contaminado com Cr (263 mg kg^{-1}), Cu (264 mg kg^{-1}), Pb (1433 mg kg^{-1}) e Zn (377 mg kg^{-1}). Os resultados sugeriram que *o Alyssum serpyllifolium* poderia ser adequado para a fitoextracção em solos contaminados com polimetais, desde que as concentrações de Cu não fossem fitotóxicas.

2.3.1 Fitoremediação em Amaranthaceae

A família Amaranthaceae foi registada como tendo capacidade de fitorremediação. Géneros como *Gomphrena globosa, Gelosia argentea*, etc. foram identificados como acumuladores de metais (Mellem, 2008). Felix (1997) propôs a limpeza de solos contaminados utilizando várias espécies de culturas. Os vegetais folhosos, nomeadamente *Amaranthus spinosus, Alternanthera philoxeroides* e *Alternanthera sessilis*, que crescem em lamas de depuração, foram investigados quanto à acumulação de metais. Verificou-se que as concentrações de Cd, Zn e Fe nas partes das plantas eram invariavelmente elevadas, o que torna estas espécies boas candidatas à recuperação de locais contaminados com biossólidos e lamas de depuração, embora com precaução relativamente ao consumo humano (Banuelos e Meek, 1990). *A Alternantheraphiloxerodies* foi utilizada para a remoção de Pb e Hg de águas poluídas (Prasad,

2004). *O amaranto* é uma planta C_4 e um excelente indicador da contaminação por metais. Tanto as espécies cultivadas como as infestantes de *Amaranthus* crescem luxuriantemente nas herdades e nos terrenos abandonados. *A. tricolor* e *A. retroflexus* também foram identificadas como acumuladoras de Cd, Hg, Zn e Cu (Bigaliev *et al.*, 2003). *Amaranthus hybridus* acumulou Pb, Cd, Hg, Ni, Mn e Fe (Jonnalagadda e Nenzou, 1997). Prasad e Freitas (2003) relataram a fitoacumulação de Cd, Zn e Fe por *A. spinosus*. Os aspectos bioquímicos e ecofisiológicos do stress causado por metais pesados em espécies de *Alternanthera* não são muito estudados e comunicados.

4. MATERIAIS E MÉTODOS

4.1 Descrição dos materiais vegetais

Duas espécies *de Alternanthera - Alternanthera sessilis* (L.) R. Br e *Alternanthera tenella* Colla - foram selecionadas para o presente estudo. As plantas selecionadas foram identificadas e o herbário foi depositado no Jawaharlal Nehru Tropical Botanical Garden and Research Centre com o número de voucher 32704-32707.

4.1.1 *Alternanthera*

O género *Alternanthera*, popularmente designado por "erva da alegria", foi criado por Forsskal em 1775. O nome *Alternanthera* deriva do latim *alternans*, que significa alternância e *anthera*, antera, referindo-se aos filamentos anteríferos alternados com pseudostaminodia. Pertence ao género Amaranthaceae, a família das amarantáceas, e é constituído por cerca de 200 espécies de plantas herbáceas baixas. O género pode ser distinguido de outros géneros de Amaranthaceae pelas suas anteras com duas câmaras, pseudostaminódios alternados com filamentos férteis, estigma capitado, inflorescência solitária ou múltipla, cabeças globosas axilares ou terminais, geralmente sem brácteas folhosas subjacentes (Placa 1).

4.1.1.1 *Alternanthera sessilis* (L.) R. Br.

A Alternanthera sessilis é a mais difundida de todas as *Alternanthera* nas regiões tropicais e subtropicais. *A. sessilis* é uma espécie muito comum no Sul da Índia, ocorrendo em muitos tipos de habitat, desde arrozais húmidos e valas até margens secas de estradas. Trata-se de uma erva prostrada monóica com caules profusamente ramificados até 35 cm de comprimento e terados. O enraizamento ocorre no nó e o caule é mais ou menos fistuloso, de cor verde e arroxeada. As folhas são opostas, lineares lanceoladas a oblongas, ovais, glabras, finamente pilosas, com margens inteiras, ápice acuminado e base cuneiforme a atenuada. Os pecíolos têm 2-5 mm de comprimento e são finamente pilosos. As inflorescências são geralmente grupos axilares sésseis. As flores são bissexuais e de cor branca. As brácteas são ovadas e as bractéolas são ovadas ou falcadas, com 1 x 0,25 mm, escáceas, brancas, glabras, de base persistente e em número de duas. Os tépalos são cinco iguais, ovais ou elípticos e de cor branca. Estão presentes três estames que alternam com estaminódios e dois pseudostaminódios que se assemelham aos filamentos, mas geralmente um pouco mais curtos. O ovário é fortemente comprimido e arredondado, com um estilo muito curto e um estigma capitado. As cápsulas são obcordadas, as sementes são discóides, de cor castanha e de natureza brilhante.

PLACA 1

Alternanthera sessilis (L.) R. Br.

Alternanthera tenella Colla.

4.1.1.2 *Alternanthera tenella* Colla.

A Altemanthera tenella é uma erva monóica, prostrada ou erecta, com caule ramificado. As folhas são opostas, elípticas oblongas, estreitamente ou mais amplamente elípticas a oblanceoladas, glabras com margens inteiras, ápice agudo ou acuminado e base estreita ou atenuada. A inflorescência é constituída por cabeças ovóides axilares de cor branca. As flores são bissexuais, de cor branca, com brácteas glabras peludas, elípticas lanceoladas ou ovadas lanceoladas. As tépalas são desiguais, em número de cinco, e os estames, também em número de cinco, estão ligados na base. Estão presentes cinco estaminódios, alternados com estames férteis. Ovário de natureza globosa a obovoide, os óvulos são solitários com estilo curto e estigma capitado. As cápsulas são ovadas e as sementes são discóides de cor negra acastanhada.

4.1.2 Posição sistemática (Bentham e Hooker, 1866)

Divisão   : Phanerogamae

Classe   : Dicotiledóneas

Subclasse : Monochlamydeae

Série   : Curvembryae

Família   : Amaranthaceae

Género   *: Alternanthera*

4.2 Recolha de solos

A amostra de solo para o presente estudo foi recolhida em três zonas poluídas diferentes de Kerala, nomeadamente Vilapilsala, Plachimada e Chavara. As plantas foram cultivadas em solo poluído colhido em Vilapilsala (distrito de Thiruvananthapuram), Plachimada (distrito de Palaghat) e Chavara (distrito de Kollam) e o solo do jardim foi mantido como controlo (placa 2). O solo do jardim com metais pesados adicionados foi utilizado para a análise do stress provocado pelos metais pesados.

4.2.1 Parâmetros do solo

Os parâmetros do solo foram analisados segundo métodos normalizados (Trivedy e Goel, 1986).

4.2.1.1 Densidade aparente

A densidade aparente ou gravidade aparente do solo é a massa de um volume unitário de solo a granel, incluindo o espaço poroso. A amostra de solo foi seca numa estufa a 105^0 C e transferida para uma proveta graduada para registar o volume. O seu peso também foi registado. A densidade aparente foi calculada pela fórmula

$$\frac{(W_2 - W_1)\ (gm/cm)^3}{V}$$

PLACA 2

Locais de recolha de solos poluídos de Kerala

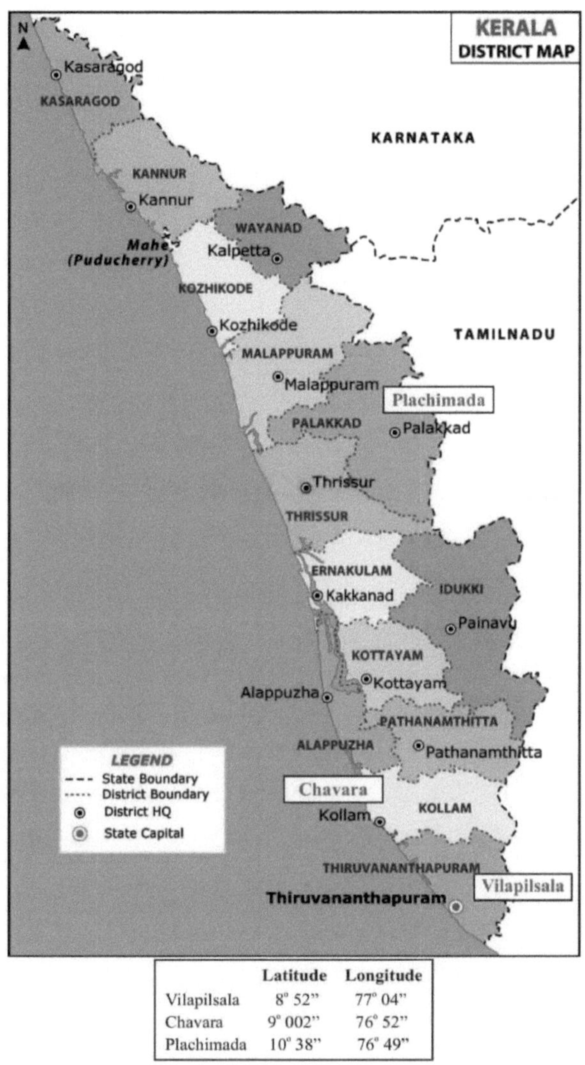

	Latitude	Longitude
Vilapilsala	8° 52"	77° 04"
Chavara	9° 002"	76° 52"
Plachimada	10° 38"	76° 49"

Onde W_1 = Peso da garrafa vazia,

W_1 = Peso da garrafa + terra, V= Volume de terra ou volume de água necessário para encher a garrafa.

4.2.1.2 Gravidade específica

A gravidade específica (G_s) é a propriedade do material mineral ou rochoso que forma os grãos do solo. O solo foi seco numa estufa a 105^0 C até se obter um peso constante. Encheu-se um frasco de vidro previamente pesado com um volume conhecido de solo seco e registou-se o seu peso. Simultaneamente, encheu-se outro frasco de vidro previamente pesado com o mesmo volume de água destilada e registou-se o seu peso, tendo a gravidade específica sido calculada de acordo com a fórmula e expressa em g cm^{-3}

$$Gs = \frac{\text{mass of soil grain}}{\text{mass of an equal volume of water}}$$

4.2.1.3   Teor de humidade

A amostra de solo pesada foi colocada numa estufa a 105^0 C e foi seca até atingir um peso constante. A diferença de peso indica o teor de humidade e é expressa em percentagem.

4.2.1.4   pH

Pegou-se em solo seco ao ar (10 g) e adicionou-se 100 ml de água destilada para fazer uma suspensão de 1:10 w/v e mediu-se o pH.

4.2.1.5   Alcalinidade

Preparou-se uma suspensão com 10 g de solo seco ao ar e 100 ml de água destilada, filtrou-se e adicionaram-se 2-3 gotas de fenolftaleína. A solução tornou-se cor-de-rosa e foi titulada com ácido clorídrico 0,1N até a solução se tornar incolor. A leitura foi anotada e, após a adição de 2-3 gotas de alaranjado de metilo, a titulação continuou até a cor amarela da solução se tornar laranja. A alcalinidade foi calculada de acordo com a fórmula NV = N1V1, em que N representa a normalidade do padrão, V representa o volume do padrão (ml), N1 representa a normalidade do titulante, V1 representa o volume do titulante (ml) e é expressa em mg L^{-1}.

4.2.1.6   Cloreto

O solo foi pesado (10 g) e misturado com 100 ml de água destilada para preparar uma suspensão de 1:10 w/v e depois filtrado e 10 ml da amostra foram titulados contra uma solução de nitrato de prata 0,1N com cromato de potássio como indicador. A quantidade de cloreto foi calculada a partir do ponto final da mudança brusca de cor de amarelo para vermelho tijolo utilizando a fórmula

$$\text{Chloride mg L}^{-1} = \frac{\text{Vol of AgNO}_3 \text{ X N of AgNO}_3 \text{ X 1000 X 35.5}}{\text{ml of sample}}$$

Onde, 35·5- peso equivalente de Cl e expresso em mg L^{-1}.

4.2.1.7 Carbono orgânico

O teor de carbono na amostra de solo foi analisado titrimetricamente pelo método de oxidação do ácido crómico (Wakeel e Riley, 1957). Colocou-se um grama da amostra seca em pó num copo de um litro e pipetaram-se 10 ml de solução de dicromato de potássio 1 N sobre a amostra, agitando-se bem a mistura. Adicionou-se ácido sulfúrico concentrado, misturado por rotação suave durante 1 minuto, para assegurar o contacto completo do reagente com a amostra. Deixar a mistura em repouso durante 30 minutos. Dilui-se a solução e adiciona-se ácido ortofosfórico e algumas gotas de indicador de ferroína. A solução foi bem misturada e titulada com sulfato ferroso de amónio. O ponto final foi determinado pela primeira mudança brusca de cor de verde azulado para castanho avermelhado. Procedeu-se também da mesma forma com um branco de reagente e o carbono orgânico foi calculado pela fórmula

$$\text{Organic Carbon (\%)} = \frac{0.003g \times N \times 10 \text{ ml} \times (1\text{-}T) \times 100}{ODW}$$

Onde N - Normalidade da solução $K_2 Cr O_{27}$, T - Volume de FAS utilizado na titulação da amostra (mL), S - Volume de FAS utilizado na titulação do branco (mL), ODW - Peso da amostra seca em estufa (g), 1 mL de solução de dicromato 1 N equivale a 3 mg de carbono e os valores expressos em mg g^{-1} .

4.3 Bioensaio

Foi adotado o método de cultura em vaso para o bioensaio. Plantas saudáveis *de Alternanthera tenella* e *Alternanthera sessilis* foram recolhidas do seu habitat natural. O solo do jardim foi recolhido e uniformemente saturado com concentrações variáveis de nitrato de chumbo (50, 100 e 150 mg Kg^{-1}), sulfato de cádmio (20, 30 e 50 mg Kg^{1}), dicromato de potássio (50, 75 e 100 mg Kg^{-1}). Foram fixadas três concentrações de sais de metais pesados para o tratamento depois de se ter verificado o nível limiar de ambas as espécies *de Alternanthera* em relação a cada metal pesado. As três concentrações foram designadas por T1, T2 e T3. As plantas de teste foram cultivadas em vasos contendo 5 kg de solo saturado com a concentração correspondente de metal. O solo não tratado foi utilizado para cultivar plantas de controlo e as observações foram feitas 30 dias após o tratamento.

4.3.1 Caraterísticas morfológicas

Os caracteres morfológicos como o comprimento do rebento, da raiz, da folha e intermodal, a área foliar e o índice estomático (Salisbury, 1927) foram registados 30 dias após o tratamento. Todos os valores foram submetidos a uma análise estatística.

4.4 Bioorgânicos

O tratamento com metais pesados pode levar a alterações em diferentes moléculas bio-orgânicas que podem ser estudadas através da estimativa da concentração de diferentes parâmetros bioquímicos em plantas tratadas e de controlo.

4.4.1 Açúcar solúvel total

Os hidratos de carbono como açúcares totais foram estimados de acordo com o procedimento de Roe (1955). Um grama de tecido fresco foi homogeneizado com água destilada. O homogenato foi filtrado com um pano de queijo de duas camadas. O filtrado foi então centrifugado a 10.000 rpm durante 15 minutos. O sobrenadante foi recolhido e o volume foi aumentado para 25 ml com água destilada. Pipetou-se uma alíquota da amostra e adicionou-se 4 ml de reagente de antrona. Em seguida, manteve-se num banho de água a ferver durante 10 minutos. Os tubos foram arrefecidos e a absorvância foi medida a 630 nm. A quantidade de hidratos de carbono totais presentes foi determinada utilizando o gráfico padrão da glucose.

4.4.2 Proteínas solúveis totais

O teor de proteínas foi estimado segundo o procedimento de Lowry *et al.* (1951) com BSA utilizada como padrão. As proteínas foram extraídas por homogeneização de 500 mg de folhas frescas em tampão fosfato (pH 8,0) e centrifugadas a 10.000 rpm por 15 min a 4° C e uma alíquota do sobrenadante foi misturada com um volume igual de ácido tricloroacético 10% gelado (TCA; w/v) e incubada a 0OC por 1 h para precipitar as proteínas. O pellet de proteínas foi recolhido por centrifugação a 5.000 rpm durante 15 min a 40C e dissolvido em NaOH 1 M. Pipetou-se uma alíquota para um volume conhecido e adicionou-se 5 ml de reagente C (sulfato de cobre e tartarato de sódio e potássio), que se manteve durante 10 minutos, seguido da adição de 0,5 ml de reagente Folin-Ciocalteau, que se manteve durante 30 minutos, e a absorvância foi lida a 570 nm contra um branco adequado. A proteína solúvel total foi calculada pela fórmula

$$\text{Total soluble protein} = \frac{\text{OD of the sample}}{\text{OD of std.}} \times \frac{\text{Con. of std.} \times \text{total volume made up}}{\text{Volume of extract taken} \times \text{wt. of sample}}$$

e os valores expressos em mg g^{-1}.

4.4.3 Lípidos totais

As misturas de clorofórmio e metanol foram amplamente utilizadas como extractantes de lípidos (Bligh e dyer, 1959). Cinco gramas da amostra seca em pó foram extraídos com uma mistura de clorofórmio e metanol (2:1 v/v). A extração foi repetida três vezes. O extrato foi agrupado, centrifugado e o sobrenadante foi transferido para um funil de separação, adicionando clorofórmio, água destilada e solução saturada de cloreto de sódio. A camada inferior foi recolhida numa placa de Petri limpa e previamente tarada, tendo o solvente sido evaporado numa estufa de ar quente a 60^0 C até se obter um peso constante. A placa de Petri com o lípido foi pesada e a quantidade de lípido foi expressa em percentagem.

4.4.4 Fenóis totais

A estimativa dos fenóis totais foi efectuada segundo o método de Mayr *et al.* (1995). Um grama de tecido fresco foi picado e colocado em metanol a ferver (80%) durante 10 minutos e refluxado. A matéria refluxada foi homogeneizada. O homogenato foi filtrado e centrifugado a 10.000 rpm durante 10 minutos. O sobrenadante foi recolhido e o volume foi completado para 20 ml com metanol a 80%. Adicionou-se o reagente Folin-Ciocalteau (0,5 ml) seguido de 2 ml de carbonato de sódio a 20% a uma alíquota da amostra e misturou-se bem. A reação do fenol com o ácido fosfomolíbdico no reagente de Folin-Ciocalteau em meio alcalino produziu um complexo de cor azul. Os tubos foram mantidos num banho de água a ferver durante um minuto, arrefecidos e centrifugados, tendo o sobrenadante sido recolhido e a absorvância medida a 650 nm. A quantidade de fenóis totais presentes foi determinada utilizando a fórmula

$$\frac{(\text{OD of the sample} \times \text{con. of std.} \times \text{total volume made up})}{(\text{OD of std.} \times \text{volume of extract taken} \times \text{wt. of sample})}$$

e os valores expressos em mg g^{-1} .

4.4.5 Aminoácidos totais

Os aminoácidos presentes na amostra foram estimados segundo o método de Moore e Stein (1945). Homogeneizou-se um grama de amostra com 10 ml de metanol a 80%, filtrou-se o homogenato e centrifugou-se a 1000 rpm durante 10 minutos. Pipetou-se 0,1 ml da alíquota e adicionou-se 5 ml de ninidrina, que foi completada até um volume conhecido, aquecida num banho de água a ferver durante 20 minutos, arrefecida e misturada com 5 ml do diluente e lida após 15 minutos a 570nm. A quantidade de aminoácidos totais foi calculada e expressa em mg g^{-1}

4.4.6 Prolina

O teor de prolina foi estimado utilizando o reagente de ninidrina, de acordo com Bates *et al.* (1973). Quinhentos miligramas de material vegetal foram homogeneizados em IOml de ácido sulfossalicílico aquoso a 3%. A 2 ml de filtrado num tubo de ensaio, adicionar 2 ml de ácido acético glacial e 2 ml de ninidrina ácida, aquecer num banho de água a ferver durante 1 hora e adicionar 4 ml de tolueno. Depois de separar a camada de tolueno, ler a intensidade da cor a 52O nm. O teor de prolina foi expresso em mg g^{-1} .

4.4.7 Pigmentos fotossintéticos

A estimativa da clorofila foi efectuada de acordo com o método de Arnon (1949). Homogeneizaram-se 1OO mg de folhas num almofariz e pilão com 15 ml de acetona a 8O% e centrifugou-se a 3.000 rpm durante 15 minutos. O sobrenadante foi utilizado para a estimativa da clorofila e a absorvância foi lida a 49O, 645 e 663 nm. O teor de clorofila total e de carotenóides foi estimado utilizando a fórmula,

$$\text{Total Chlorophyll} = \frac{(\text{OD in } 645 \text{ nm} \times 0.0203) - (\text{OD in } 663 \text{ nm} \times 0.00802) \times \text{total volume}}{\text{wt. of sample}}$$

4.5 Enzimas antioxidantes

4.5.1 Ensaio para a superóxido dismutase (SOD, EC 1.15.1.1)

A atividade da SOD foi avaliada segundo o método de Beauchamp e Fridovich (1971), medindo a sua capacidade de inibir a redução fotoquímica do azul de nitro tetrazólio (NBT). Uma quantidade conhecida da amostra de planta foi homogeneizada com 1Omlof5O mM de tampão fosfato de potássio (pH 7,8) num almofariz e pilão previamente arrefecidos. O homogenato foi centrifugado a 10000 rpm durante 100 minutos a 4° C numa centrifugadora refrigerada, tendo o sobrenadante sido recolhido para o ensaio. A mistura de reação continha 3 ml de tampão fosfato 5O mM (pH 7,8), EDTA O,1 mM, metionina 13 mM, NBT 75 µM, riboflavina 2 µM e 50 µl do extrato enzimático, seguido da adição de riboflavina, tendo a reação sido iniciada colocando os tubos sob duas lâmpadas fluorescentes de 15 W. A reação foi terminada após 10 minutos por remoção da fonte de luz. A absorvância foi medida a 56 nm. A atividade enzimática foi expressa em unidades g^{-1} de proteína. Uma unidade de SOD foi considerada como o volume do extrato enzimático que provoca uma inibição de 5% da redução do NBT sob luz.

4.5.2 Ensaio para a catalase (CAT, EC 1.11.1.6)

A atividade da CAT foi determinada pela decomposição de $H O_{22}$ e foi medida espectrofotometricamente através da avaliação da diminuição da absorvância a 240 nm (Aebi, 1984). Uma quantidade conhecida da amostra foi homogeneizada em tampão fosfato de potássio 50 mM (pH 7,0), centrifugada e o sobrenadante foi utilizado para o ensaio. A mistura de reação continha tampão de fosfato de potássio 50 mM (pH 7,0), 10 mM $H O_{22}$ e extrato de enzima. A atividade foi calculada utilizando o coeficiente de extinção 0,0394 e o H_2O_2 decomposto por um grama de peso fresco num minuto foi definido como uma unidade de CAT. A atividade enzimática foi expressa em unidades g^{-1} de peso fresco.

4.5.3 Ensaio para a perroxidase (POD, EC 1.11.1.7)

A atividade da peroxidase foi determinada de acordo com o método de Malik e Singh (1980). Uma quantidade conhecida da amostra de planta foi homogeneizada com tampão fosfato 0,1M (pH 6,5) e centrifugada. O sobrenadante foi utilizado para o ensaio enzimático. A mistura de reação continha 0,5 ml do extrato da planta, 0,5 ml de H_2O_2, 1 ml de guaiacol e 2 ml de tampão fosfato (pH 6,5). Foi medida a alteração da absorvância a 470 nm. A atividade da peroxidase foi expressa como a taxa de variação da absorvância por minuto.

4.5.4 Ensaio para a deteção de polifenol oxidase (PPO, EC 1.14.18.1)

A atividade da polifenol oxidase foi estimada pelo método de Esterbauer *et al.* (1977). O extrato enzimático foi preparado através da homogeneização de 1g de tecido vegetal em tampão citrato-fosfato (pH 7,0). O homogenato foi centrifugado e o sobrenadante foi utilizado para o ensaio. A mistura de reação continha 2,5 ml de tampão citrato-fosfato, 1 ml de catecol e 0,5 ml de extrato enzimático e a absorvância foi medida a 420 nm contra um branco adequado. A alteração da absorvância foi registada e uma unidade de PPO foi definida como a quantidade de enzima que transforma 1 µmole de dihidrofenol em 1 µmole de quinona por minuto.

4.5.5 Ensaio para a glutatião redutase (GR, EC 1.6.4.2)

A atividade da glutatião redutase foi determinada utilizando o método de Carlberg e Mannervik (1975). A glutatião redutase catalisa a redução do glutatião oxidado (GSSG) envolvendo a oxidação do NADPH. A atividade catalítica da GR pode ser medida seguindo a diminuição da absorvância a 340 nm devido à oxidação do NADPH. A mistura de reação de 3,0 ml continha 50 mM de tampão fosfato de potássio (pH 7,6), 1 mM de GSSG, 0,5 mM de EDTA, 0,1 mM de NADPH e 100 µl de extrato de enzimas.

A reação foi iniciada pela adição de 0,1 mM de NADPH a 25° C. A atividade de GR foi determinada pela oxidação de NADPH a 340 nm para uma unidade de atividade enzimática, definida como a quantidade de enzima necessária para oxidar IM de NADPH min^{-1} g^{-1} FW.

4.5.6 Ascorbato peroxidase (APOX, EC 1.11.1.11)

A atividade da APOX foi determinada conforme descrito por Nakano e Asada (1981). 3,0 ml de mistura de reação continham 50 mM de tampão fosfato (pH 7,0), 0,5 mM de ascorbato, 1,0 mM de H_2O_2 e 100 µl de extrato de enzima. A reação foi realizada durante 3 minutos com um intervalo de 6 segundos a 25 °C. A oxidação do ascorbato dependente de H O_{22} foi seguida pela monitorização da diminuição da absorvância a 290 nm. Uma unidade de atividade da APOX é definida como a quantidade de enzima que pode oxidar 1 µmol de ascorbato min^{-1} g^{-1} FW.

4.5.7 Ensaio para a redução do monodehidroascorbato (MDHAR, EC 1.6.5.4)

A atividade da monodehidroascorbato redutase foi testada utilizando o método de Hossain *et al.* (1984). A atividade enzimática foi medida seguindo a diminuição da absorvância devida à oxidação do NADH a 340 nm. 3,0 ml de mistura de reação continham 50 mM de Tris-HCl (pH 7,6) com 2,5 mM de ácido ascórbico, 0,1 mM de NADH, 0,14 unidades de ácido ascórbico oxidase e 100 µl de extrato de enzima. A reação foi iniciada com a adição de ácido ascórbico oxidase e a atividade enzimática foi medida de acordo com a diminuição da absorvância devida à oxidação do NADH a 340 nm durante 1 min com um intervalo de 6 seg. Uma unidade da atividade enzimática é definida como a quantidade de enzima necessária para oxidar 1 M de NADH/minuto/g de tecido.

4.5.8 Ensaio para a redução do desidroascorbato (DHAR, EC 1.8.5.1)

A atividade da desidroascorbato redutase foi medida segundo o método indicado por Dalton *et al.* (1986). A DHAR catalisa a redução do desidroascorbato envolvendo a oxidação da GSH para formar ascorbato e glutatião oxidado (GSSG). A atividade enzimática foi medida seguindo o aumento da absorvância a 265nm devido à formação de ascorbato. A mistura de reação de 3,0 ml continha 50 mM de tampão fosfato de potássio (pH 7,0), 0,2 mM de desidroascorbato, 0,1 mM de EDTA, 2,5 mM de glutatião reduzido (GSH) e 100 µl de extrato de enzima. A atividade da DHAR foi medida após o aumento da absorvância a 265 nm devido à formação de ascorbato a 265 nm durante 1 minuto com um intervalo de 6 segundos. Uma unidade da atividade enzimática foi definida como a quantidade de enzima que catalisa a formação de 1M de ascorbato por minuto^{-1} g^{-1} tissue

4.6 Cálculo de elementos vestigiais

Uma quantidade conhecida da amostra foi digerida com uma mistura de ácido nítrico concentrado e ácido perclórico (4:1) durante oito horas, tendo a amostra digerida sido filtrada por arrefecimento e completada até um volume conhecido. A análise dos elementos vestigiais (cádmio, crómio e chumbo) foi efectuada segundo o método da APHA (1992). A estimativa dos oligoelementos foi efectuada aspirando a amostra digerida para um espetrofotómetro de absorção atómica, Perkin Elmer modelo 2380 e os valores expressos em mg Kg^{-1}

O fator de bioconcentração (Ghosh e Singh, 2005) e o fator de translocação (Marchiol *et at.*,

2004) foram calculados de acordo com a fórmula

$$\text{Bioconcentration factor (BCF)} = \frac{\text{Metal concentration in the plant}}{\text{Metal concentration in the soil}}$$

$$\text{Translocation factor (TF)} = \frac{\text{Metal concentration in stem + leaf}}{\text{Metal concentration in root}}$$

Os produtos químicos utilizados nas experiências eram de qualidade analítica e os reagentes foram preparados com água bidestilada. Todas as experiências foram efectuadas em triplicado.

4.7 SDS-PAGE

As proteínas foram separadas por eletroforese em gel de poliacrilamida com dodecil sulfato de sódio (SDS-PAGE) num sistema de tampão descontínuo em que o tampão do reservatório tinha um pH e uma força iónica diferentes dos do tampão utilizado para moldar o gel. Os complexos polipeptídicos de SDS na amostra aplicada ao gel são arrastados por um limite móvel criado quando uma corrente eléctrica é passada entre os eléctrodos. Depois de migrarem através do gel de empilhamento de elevada porosidade, os complexos são depositados numa zona muito fina na superfície do gel de resolução. Numa eletroforese posterior, os polipéptidos são resolvidos com base no seu tamanho no gel de resolução.

4.7.1 Preparação da amostra

Quinhentos miligramas de cada um dos tecidos frescos das plantas do controlo, bem como dos tratamentos, foram utilizados para a análise PAGE. Os tecidos foram homogeneizados num almofariz e pilão refrigerados em tampão fosfato 50 mM na presença de mercaptoetanol como aglutinante fenólico e 10% de dodecil sulfato de sódio. O homogenato foi centrifugado a 10000 rpm durante 20 minutos utilizando uma centrifugadora refrigerada a 4^0 C e o sobrenadante foi recolhido.

4.7.2 Preparação do gel de resolução

Tampão de gel de resolução	:	5 ml
30% Acrilamida (com 0,8% Bisacrilamida :		6,6 ml
Água duplamente destilada	:	8,12 ml
10%Sulfato de sódio-dodecilo	:	100µl
0,1% depersulfato de amónio	:	100µl

TEMED   :   10µl

4.7.3 Preparação do gel de empilhamento

30% Acrilamida (com 0,8% Bisacrilamida) :   0,99 ml

Água destilada em duplicado   :   1,94 ml

Empilhamento de um tampão de gelpH(8,8)   :   3,0 ml

10%Sulfato de sódio-dodecilo   :   30µl

0,1% depersulfato de amónio   :   30µl

TEMED   :   10µl

4.7.4 Tampão do reservatório / Tampão do elétrodo

Tampão Tris   :   3 g

Glicina   :   14.4 g

Dodecil Sulfato de Sódio   :   1 g

Dissolver e completar até 1 litro, armazenar a 4° C.

4.7.5 IX Tampão de carregamento do gel SDS (Iml)

50mM Tris HCl   : 60,66µl

1M DTT   : 200µl

10%SDS   :   200µl

Azul de bromofenol   :   0.002g

Glicerol   :   230µl

4.7.6 Solução de coloração (Coomassie Brilliant Blue R-250)

Coomassie Brilliant Blue   :   200 mg

Metanol   :   90 ml

Ácido acético glacial   :   10 ml

4.7.7 Solução de descoloração

Metanol   :   40 ml

Ácido acético glacial   :   10 ml

Água duplamente destilada   :   50 ml

4.7.8 Fundição em gel

As placas de vidro e os espaçadores foram montados em conjunto. As placas de vidro com o espaçador foram colocadas no tabuleiro de moldagem e os grampos foram apertados, de modo a evitar qualquer fuga durante a moldagem do gel. O gel de resolução foi vertido no espaço entre as placas de vidro colocadas no tabuleiro de moldagem. Adicionou-se água destilada no topo do gel de resolução para formar uma camada, de modo a evitar fissuras devidas à desidratação por contacto com o ar, e manteve-se durante meia hora. A água destilada foi removida por decantação e o bordo da placa de vidro foi limpo com papel absorvente. Deitar o gel de empilhamento entre as placas de vidro, por cima da camada de gel de resolução. O pente foi inserido diretamente para baixo, sem bolhas. O gel de empilhamento polimerizou em 20 minutos.

4.7.9 Carregamento de amostras e funcionamento do gel

O pente foi removido e os poços foram lavados com uma micropipeta imediatamente antes do carregamento para eliminar qualquer poliacrilamida não polimerizada. Foram retirados 20 microlitros de amostra para carregar os poços após a estimativa do teor proteico. O marcador de proteínas diluído com o tampão de extração foi também utilizado juntamente com a amostra. A unidade vertical de gel casting Biorad Mini foi montada para funcionar enchendo o tanque com tampão de elétrodo e a tensão foi regulada para 80 V. Após cerca de uma hora, a tensão foi aumentada para 100 V quando a proteína carregada se armazenou no fundo do poço. A energia foi desligada quando as bandas atingiram o fundo do gel de resolução. A unidade de gel foi retirada e o tampão drenado.

4.7.10 Coloração

O gel foi corado com coomassie brilliant blue R-250 e incubado durante a noite com agitação suave. O gel foi destapado com uma solução de retenção. O gel foi documentado utilizando o gerador de imagens Versa Doc E-gel. O valor Rf e o peso molecular das bandas foram calculados utilizando o software quality one.

4.8 Teor de metalotioneína (MT)

A MT nos tecidos foliares após exposições in vivo foi determinada pela concentração de grupos SH segundo o método de Viarengo *et al.* (1997). As amostras de tecido vegetal de um grama foram homogeneizadas em tampão Tris HCl de 20 Mm (p^H 8.6) contendo sacarose 0.5 M, PMSF 0.5 mM, β-mercaptoetanol 0.01% As amostras homogeneizadas foram centrifugadas (14 000 rpm, 20 min, 4°C) e o sobrenadante foi suspenso em etanol absoluto frio e clorofórmio.

Estas suspensões foram novamente centrifugadas (7000 rpm, 10 min, 4 °C) e ressuspensas em etanol frio e mantidas a -20° C durante 1 hora. As amostras foram novamente centrifugadas (7000 rpm, IO min, 4 °C) e o sedimento foi ressuspendido em tampão Tris HCl 20Mm com 87% de etanol e 1% de clorofórmio. Depois disso, as amostras foram secas a 35^0 C durante 24 horas, tendo o sedimento sido ressuspenso em tampão com NaCl 0,25 M, HCl 1 N, EDTA 4 mM. O reagente de Ellman (0,43 mM DTNB tamponado com 0,2 M de Na-fosfato, pH 8,0) foi então adicionado à amostra. A MT foi estimada utilizando o glutatião reduzido como referência a 412 nm e expressa em nM MT mg proteína[1]. Os níveis de proteínas totais foram determinados segundo o método de Lowry *et al.* (1951), utilizando albumina de soro bovino como referência.

4.9 Isolamento do gene da metalotioneína

4.9.1 Isolamento do ADN genómico das plantas

O gene da metalotioneína não foi relatado em *Altemanthera*, portanto, foi feita uma tentativa de sequenciar o gene da metalotioneína. O ADN genómico da planta foi isolado utilizando o mini kit de extração de ADN genómico de plantas Favor Prep™

4.9.2 Eletroforese em gel de agarose

A eletroforese em gel de agarose é um método para separar e visualizar fragmentos de ADN e para verificar a pureza do ADN isolado. Foi preparado um gel de agarose a 1,5% em tampão TE 1X (50 ml) e derretido num banho de água quente a 90° C até o gel se tornar um líquido transparente. Em seguida, a agarose derretida foi arrefecida até 45° C. Foram adicionados 6µl de 10 mg/ml de brometo de etídio e misturados por agitação. O gel foi vertido no aparelho de moldagem de gel com o pente de gel. Após a fixação do gel, o pente foi removido e a plataforma com o gel foi colocada no tanque de gel. O tampão TBE 1x (cerca de 400 ml) foi vertido no tanque de modo a que o gel ficasse imerso. O ADN isolado da planta foi utilizado para carregar o gel. Misturou-se 20µl de amostra de ADN com 20µl de corante de carga (azul de bromofenol) e carregou-se cuidadosamente nos poços do gel. O aparelho de eletroforese foi fechado com a tampa e os eléctrodos foram ligados à fonte de alimentação. A tensão foi ajustada para ~50V. O gel foi deixado a correr. O gel corado foi então documentado utilizando o E gel imager

4.9.3 PCR

A PCR é uma técnica poderosa utilizada para amplificar uma sequência específica de ADN milhões de vezes em poucas horas. Para a documentação em gel, foi utilizado um G:Box Chemi XR5 (Syngene). A PCR foi efectuada para amplificar o gene da metalotioneína. Os primers para a metalotioneína foram concebidos a partir da região conservada do gene da metalotioneína já registado em *Amaranthus cruentus*, *Orysa sativa*, *Arabidopsis thaliana*, etc. As sequências dos primers foram adquiridas à SIGMA e são apresentadas na Tabela 1. A reação de PCR foi realizada utilizando 200 ng de ADN genómico, 0,5 µl de cada iniciador (20 µM), 5 µl de tampão de reação Taq

5X (Bioline), 0,2 µl de Taq DNAPolymerase (Bioline) e água bidestilada, num volume total de reação de 25 µl. O protocolo teve os seguintes passos: desnaturação inicial a 95° C durante 3 min, seguida de 35 ciclos de PCR de desnaturação a 95° C durante 30 seg, recozimento a 50° C durante 30 s, elongação a 72° C durante 90 s e um passo final de elongação a 72° C durante 2 min. Os produtos da amplificação foram visualizados por eletroforese em gel de agarose, tal como descrito anteriormente.

Quadro 1: Sequência do iniciador

Cartilha	Sequência
Met Forward	GATGCAAGATGTTCCCGGACT
Met Reverse	GATGCAAGATGTTCCCGGACT

4.9.4 Análise dos produtos PCR por eletroforese

O produto da PCR foi corrido num gel de agarose com uma escada de ADN para examinar o comprimento do produto da PCR que será sequenciado.

4.9.5 Sequenciação de genes

A sequenciação dos genes foi efectuada com o produto da PCR num sequenciador. As reacções de sequenciação são realizadas utilizando sequências de ADN para determinar a ordem pela qual as bases estão dispostas no comprimento da amostra. É utilizado um único par de primers para amplificar o ADN que codifica a proteína metalotioneína. Os fragmentos de ADN purificados são diretamente sequenciados. A semelhança da sequência com genes já registados foi examinada utilizando o programa BLAST do National Center for Biotechnology Information (Altschul *et al.*, 1990). Foi efectuada uma análise Clustal W entre as sequências obtidas para *A.sessilis* e *A.tenella*.

4.10 Análises estatísticas

Todas as experiências foram efectuadas em triplicado e os valores médios foram apresentados em tabelas e figuras. Os desvios-padrão também foram calculados pelo GraphPad InStat DTCG. Os valores nas tabelas foram representados como média + desvio padrão. A análise de variância entre a planta de controlo e as plantas tratadas foi analisada de acordo com o teste de comparações múltiplas de Tukey-Kramer.

5. RESULTADOS E DISCUSSÃO

Os metais pesados, como o cádmio, o crómio e o chumbo, são muito reactivos e interferem com o crescimento normal, o metabolismo e tornam-se tóxicos para as plantas, gerando alterações morfológicas e fisiológicas. Apesar dos efeitos tóxicos devido ao stress oxidativo, algumas plantas comportam-se como hiperacumuladoras de metais pesados. No presente estudo, foram selecionadas duas espécies de *Altemanthera* e tratadas com três concentrações diferentes de três metais pesados após a realização de análises de limiar. As concentrações foram designadas por Tl, T2 e T3 como primeira, segunda e terceira concentrações de cada metal, respetivamente. Foi também efectuado um ensaio de campo através do cultivo de plantas em solo recolhido em três locais poluídos de Kerala para avaliar a capacidade de resistir a múltiplos poluentes. As principais conclusões da presente investigação foram discutidas em pormenor.

5.1 Parâmetros do solo

Um programa de fitoremediação bem sucedido requer a consideração das propriedades do solo de um sítio específico. A relação planta-solo é complexa e o movimento da água no solo é controlado pelas propriedades físicas, químicas e biológicas do solo. Foram registados os parâmetros físicos e químicos de quatro amostras de solo utilizadas para o estudo (Quadros 3 e 4).

A densidade aparente registou valores elevados (1,1 cm^3) e baixos (0,95 g cm^3) no solo de jardim e no solo de Vilapilsala, respetivamente. A gravidade específica foi mais elevada no solo de Plachimada (0,96). O teor de humidade foi mais elevado no solo de jardim (4,623 %) e mais baixo no solo de Plachimada (4,156 %). Os parâmetros químicos também mostraram variações em todas as amostras de solo. O solo de Chavara apresentou maior contaminação de metais pesados como Cr (15 mg g^{-1}), Cd (12 mg g^{-1}) e Pb (21 mg g^{-1}). O teor de metais pesados no solo do jardim permaneceu abaixo dos limites permitidos, o que indica a sua natureza menos poluída (Turekian e Wedepohl, 1961). O solo de Chavara registou o pH mais elevado (6,67) e o teor de cloreto (92,149 mg g^{-1}). O teor mais elevado de carbono orgânico foi registado no solo de Vilappilsala (15,34 mg g^{-1}) e o mais baixo no solo de Chavara (6,23 mg g^{-1}).

A densidade aparente está inversamente relacionada com o espaço poroso do solo e a gravidade específica está diretamente relacionada com a sua densidade aparente. A humidade do solo tem um papel importante no controlo da solubilidade dos sais, do movimento dos solutos, das reacções químicas, das actividades microbiológicas e da biodisponibilidade dos iões metálicos. As caraterísticas do solo como o pH, o teor de matéria orgânica, o cloreto, a condutividade eléctrica, o potencial redox e a alcalinidade afectam a solubilidade e a fitodisponibilidade dos oligoelementos (Dominguez *et al.*, 2008). Os metais têm grande afinidade pelos ácidos húmicos e pela matéria orgânica. O pH do solo tem um grande efeito na solubilidade e retenção de metais, incluindo metais pesados, no solo. A maior retenção e a menor solubilidade dos catiões metálicos ocorrem a um pH elevado (Basta *et al.*, 1993). O impacto da absorção de contaminantes pelas raízes das plantas depende da magnitude e da forma química do metal vestigial, do pH do solo, da humidade, do arejamento, da temperatura, da matéria orgânica, dos iões fosfato, da presença ou ausência de iões concorrentes, da espécie de planta, da idade e dos efeitos do crescimento sazonal (Fifield e Haines, 1995).

Quadro 2: Parâmetros físicos do solo

	Solo de jardim	Vilapilsala	Plachimada	Chavara
Densidade a granel (g cm^{-3})	1.1±0.006	0.95 ±0.004	1.01±0.004	0.98±0.005
Gravidade específica	0.89±0.011	0.87±0.006	0.96 ±0.013	0.905±0.011
Teor de humidade (%)	4.623 ±0.015	4.354±0.011	4.156±0.10	4.27 ± 0.008

Quadro 3: Parâmetros químicos do solo

Parâmetros	Solo de jardim	Vilapilsala	Plachimada	Chavara
P^H	6.24±0.12	6.31±0.23	6.02±0.28	6.67±0.32
Alcalinidade (mg g^{-1})	46±1.7	60±0.23	42±1.81	56±1.54
Cloreto (mg g^{-1})	28.36±1.9	78±1.2	56.73±2.6	92.19± 1.4
Carbono orgânico (mg g^{-1})	7.875±2.1	15.34±1.02	12.34±0.34	6.23±0.34
Crómio (mg kg^{-1})	2.02±0.023	6.9±0.43	12±.53	15±0.32
Cádmio (mg kg^{-1})	0.21±0.34	3.4±0.29	6±0.023	12±0.75
Chumbo (mg kg^{-1})	6.3±0.39	10.3±0.58	14±0.97	21±0.34

5.2 Efeito de metais pesados em *Alternanthera*

O presente estudo foi realizado para determinar o impacto dos metais pesados (cádmio, crómio e chumbo) nos parâmetros morfológicos e bioquímicos de duas espécies *de Altemanthera* (placas 3 e 4).

PLACA 3

Tratamento do stress provocado por metais pesados em *Alternanthera sessilis* (L.) R. Br

CONTROL

T1- Treatment 1
T2- Treatment 2
T3- Treatment 3

Cadmium Stress

Chromium Stress

Lead Stress

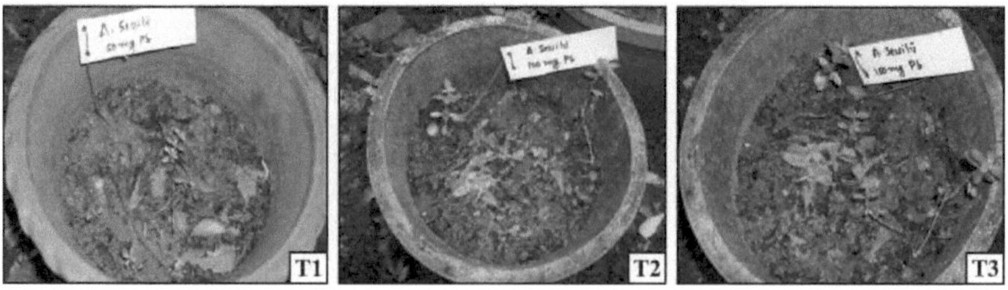

PLACA 4

Tratamento do stress provocado por metais pesados em *Alternanthera tenella* Colla.

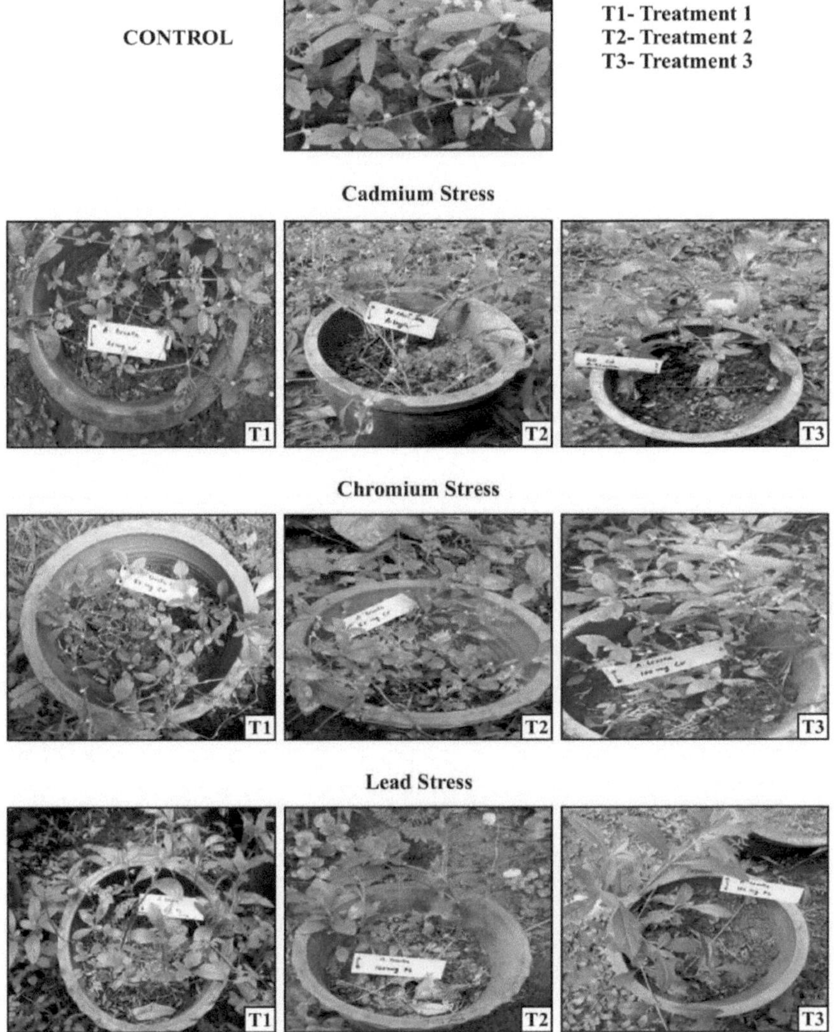

5.2.1 Variações morfológicas

Observou-se uma redução da área foliar, do comprimento da raiz e do caule em ambas as espécies de *Alternanthera* em resultado dos tratamentos com cádmio, crómio e chumbo. Estas reduções na área foliar, no comprimento da raiz e do caule podem ser consideradas como um atraso no crescimento devido ao tratamento com metais pesados.

5.2.1.1 Crescimento das raízes

A sensibilidade de duas espécies de *Alternanthera* a diferentes concentrações de cádmio, crómio e chumbo foi evidente no padrão de comprimento da raiz (Quadro 4 e 5). O tratamento com cádmio induziu uma redução significativa no crescimento da raiz (3,9 cm), o que representou uma redução de 50 % em comparação com o controlo (7,6 cm). As plantas tratadas com crómio e chumbo mostraram comparativamente um menor atraso no crescimento das raízes do que as tratadas com cádmio. O papel metabólico dos metais pesados na deterioração do crescimento das raízes não é totalmente conhecido, embora o atraso no crescimento das raízes possa ser considerado um sintoma da toxicidade dos metais pesados. O cádmio, metal pesado, afecta negativamente a divisão celular nos meristemas e pode ser a razão do atraso no crescimento das raízes (Linger *et al.*, 2005). Zou *et al.* (2006) relataram que a redução do índice mitótico no ápice da raiz de *Amaranthus viridis* leva a um crescimento retardado.

5.2.1.2 Crescimento do caule

O crescimento do caule de *Alternanthera* foi afetado negativamente pelo tratamento com cádmio em todas as fases de crescimento em comparação com o controlo. *A Alternanthera sessilis* e a *Alternanthera tenella* mostraram uma tendência semelhante de atraso no crescimento. O tratamento com crómio resultou numa redução considerável do crescimento do caule em comparação com outros metais. A concentração mais elevada de todos os metais mostrou uma redução máxima do comprimento do caule em comparação com concentrações mais baixas. Foi observado um atraso significativo no crescimento do caule devido ao tratamento com chumbo (quadros 4 e 5). O atraso no crescimento é considerado um efeito visível importante e estabelecido nas plantas. Foi comunicada uma inibição semelhante do crescimento por metais pesados como o cádmio em *Cannabis sativa* (Linger, *et al.*, 2005), *Oryza sativa* (Kim *et al.*, 2002) e espécies de *Vigna* (Jamal *et al.*, 2006; Chandra *et al.*, 2010), crómio em *Amaranthus viridis* (Zou *et al.*, 2006), chumbo em espécies de *Brassica* (Hossaaeini *et al.*, 2007).

5.2.1.3 Área foliar

Verificou-se que o crescimento das folhas foi significativamente reduzido devido ao tratamento com todos os metais em ambas as espécies de *Alternanthera*. Foi observado um atraso de cerca de 50% no crescimento das folhas quando tratadas com cádmio e crómio. As plantas tratadas com chumbo também apresentaram uma redução da área foliar, mas o efeito foi menor em comparação com o do cádmio e do crómio. Em muitas plantas, a redução do crescimento das folhas é um importante sintoma visível do stress causado por metais pesados (Prasad, 1997; Fodor, 2002).

Tabela 4: Efeito dos metais pesados no comprimento do caule (cm), comprimento da raiz (cm) e área foliar (mm^2) em *Alternanthera sessilis*

Tratamentos com metais pesados	Parâmetro	Tratamentos			
		Controlo	Tl	T2	T3
Cádmio	Comprimento do caule	15.6±0.53	9.84±0.92	7.33±1.43	4.89±0.72
	Comprimento da raiz	7.62±0.76	5.89±0.31	4.28±0.13	3.96±0.97
	Área foliar	2.2±16.3	1.92±8.20	1.47±11.3	1.44±0.2
Crómio	Comprimento do caule	15.6±0.53	10.23±0.93	7.67±0.70	4.39±0.13
	Comprimento da raiz	7.62±0.76	7.16±0.35	5.92±0.98	4.16±0.82
	Área foliar	2.2±16.3	1.93±0.82	1.6±0.65	1.33±0.21
Chumbo	Comprimento do caule	15.6±0.53	14.38±0.52	9.39±0.73	6.34±1.04
	Comprimento da raiz	7.62±0.76	6.64±0.92	5.86±0.67	4.39±0.39
	Área foliar	2.2±16.3	2.11±0.43	1.8±0.2	1.5±0.95

Quadro 5: Efeito dos metais pesados no comprimento do caule (cm), comprimento da raiz e área foliar (mm^2) em *Alternanthera tenella*

Tratamentos com metais pesados	Parâmetro	Tratamentos			
		Controlo	Tl	T2	T3
Cádmio	Comprimento do caule	21.8±0.76	10.87±1.43	7.49±0.72	7.73±0.39
	Comprimento	8.12±0.96	4.28±0.13	3.96±0.97	3.41±0.97

	da raiz				
	Área foliar	5.2±0.3	3.7±0.3	3.4±0.2	2.697 ± 0.44
Crómio	Comprimento do caule	21.8±0.76	9.67±0.70	8.39±0.13	7.53±0.39
	Comprimento da raiz	8.12±0.96	5.92±0.98	4.16±0.82	3.41±0.17
	Área foliar	5.2±0.3	4.1±0.3	3.3±0.30	2.697 ± 0.44
Chumbo	Comprimento do caule	21.8±0.76	12.39±0.73	8.34±1.04	7.53±0.39
	Comprimento da raiz	8.12±0.96	5.86±0.67	4.39±0.39	3.41±0.17
	Área foliar	5.2±0.3	4.4±0.2	3.5±0.95	2.697 ± 0.44

5.2.2 Índice estomático

O índice estomático de ambas as espécies de *Alternanthera* foi afetado quando tratadas com metais pesados (Quadro 6 e 7). Verificou-se uma diminuição significativa do índice estomático na epiderme inferior das folhas em comparação com o controlo. O aumento do índice estomático só é essencial se for necessária uma maior transpiração. O índice estomático foi registado como tendo diminuído significativamente sob tratamento com alumínio em *Fagopyrum esculentum*. A redução da densidade estomática por mm^2 pode ser uma consequência do efeito do metal pesado na divisão de células irmãs protodérmicas em células guarda. O efeito semelhante do cádmio foi detectado em *Hordeum vulgare* (Kaznina etal.,2011).

Tabela 6: Efeito dos metais pesados no índice estomático em *Alternanthera sessilis*

Metal pesado	Área de estudo	Tratamentos			
		Controlo	T1	T2	T3
Cádmio	Epiderme inferior	35,26±1.50	35.62±0.95	32.34±0.90	27.54±0.01
	Epiderme superior	32.27÷1.24	29.75±1.26	27.39±0.81	26.21 ± 0.86
Crómio	Epiderme inferior	35.26±1.50	31.39±1.93	29.36±1.24	26.53 ± 0.45
	Epiderme superior	32.27±1.24	33.23±1.42	27.45±2.64	25.31 ± 0.26
Chumbo	Epiderme inferior	35.26±1.50	35.28±0.25	33.71±0.27	25.56±0.41

| | Epiderme superior | 32.27±1.24 | 34.40÷1.10 | 29.28±1.51 | 26.26±0.83 |

Tabela 7: Efeito dos metais pesados no índice estomático em *Alternanthera tenella*

Metal pesado	Área de estudo	Tratamentos			
		Controlo	T1	T2	T3
Cádmio	Epiderme inferior	45.26±1.30	46.84±1.23	42.62±0.55	39.34±0.78
	Epiderme superior	42.27±1.54	44.06±1.27	42.75±1.21	39.39±0.97
Crómio	Epiderme inferior	45.26±1.30	48.74±1.55	44.39±1.13	39.36±1.34
	Epiderme superior	42.27±1.54	44.42±1.15	41.23±1.32	38.45±1.64
Chumbo	Epiderme inferior	45.26±1.30	48.61±0.94	42.28±0.95	38.71±1.27
	Epiderme superior	42.27±1.54	45.64±1.62	44.40±1.13	39.28±1.31

5.3 Bioorgânicos

Uma caraterística geral encontrada no Reino Plantae é o potencial de hiperacumulação naturalmente selecionado de algumas plantas em relação aos metais (Baker e Brooks, 1989). A tolerância aos metais encontra-se em muitas plantas, mas o grau de tolerância e acumulação varia de espécie para espécie e de variedade para variedade (Clemens, 2001). Por conseguinte, são efectuadas investigações laboratoriais para avaliar o efeito dos metais pesados nas plantas, envolvendo experiências com uma vasta gama de concentrações de metais pesados. A distribuição dos metabolitos apresentou variações em resposta ao stress causado por metais pesados em duas espécies de *Alternanthera*. Os metabolitos analisados no presente estudo incluíram bioorgânicos, pigmentos, antioxidantes enzimáticos e não enzimáticos.

5.3.1 Açúcar solúvel total

O teor de açúcar diminuiu na folha, no caule e na raiz de ambas as espécies tratadas com metais pesados (Fig. 1). O stress com Cd reduziu a concentração de açúcar solúvel total na folha, caule e raiz em todas as concentrações em ambas as espécies. O stress com Cr induziu uma ligeira

Quadro 8: Efeito do stress provocado por metais pesados no teor de açúcar solúvel total (mg g^1) em duas espécies *OiAlternanthera*

Tratamentos	*Alternanthera sessilis* (L.) R.Br.			*Alternanthera tenella* Colla.		
	Folha	Caule	Raiz	Folha	Caule	Raiz
Controlo	487.64±1.54	117.59±2.58	112.03±2.61	244.77÷9.86	480.4÷16.32	167.65±8.6
Cd-Tl	430.61÷4.95	105.14÷2.28	∏9.17÷1.56	150.75÷3.85*	197.4÷12.12	137.41±10.71

	***	**	*	**	***	***
Cd- T2	364.71÷2.05 ***	114.28÷3.24 ns	95.28±3.Γ* *	49.91±1.19** *	381.2±13.46 ***	107.55±9.63* **
Cd- T3	295.62÷1.28 ***	112.49÷2.98 ns	79.96±1.97* **	109.71÷8.54* **	474.8±15.75 ns	87.18±2.66** *
Cr-Tl	438.44÷5.29 ***	115.84÷2.63 ns	109.97÷2.7 ns	229.17÷16.25 ns	449 4±16.75*	135.57±4.4** *
Cr-T2	325.84÷6.19 ***	105.04÷2.5* *	91.06÷1.64* **	248.34÷15.01 ns	451.8÷16.75 ns	159.8±5.38ns
Cr-T3	221.92±1.6* **	103.12±1.06 **	73.37÷2.64* **	211.88÷13.56 ***	243.6÷7.99* **	149 64÷6.48**
Pb-Tl	182.91÷2.45 ***	117.15÷1.29 ns	34.06÷1.6** *	181.104÷4.8* **	452.6±16.53 ns	123.01±3.55* **
Pb- T2	353.26÷3.18 ***	99.57÷4.5** *	56.45÷2.84* **	98.53÷7.12** *	394.8÷15.94 ***	146.61±2.89* **
Pb- T3	251.55÷5.16 ***	95.41÷2.3** *	75.91÷2.34* **	131.87±8.29* **	245.8±16.47 ***	123.03±3.44* **

Cada valor representa a média ± DP de medições em triplicado e os sobrescritos representam o nível de significância em comparação com a planta de controlo; * significativo a p<0,05, ** significativo a p<0,01, *** significativo a p<0,001, ns- não significativo (de acordo com o teste de comparações múltiplas de Tukey-Kramer)

Fig. 1. Efeito do stress provocado por metais pesados no teor de açúcar solúvel total em duas espécies de *Alternanthera*

***Alternanthera sessilis* (L.) R.Br.**

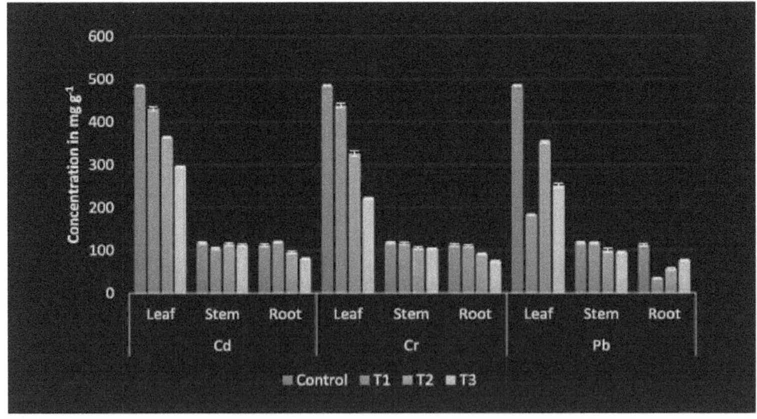

Alternanthera tenella **Colla.**

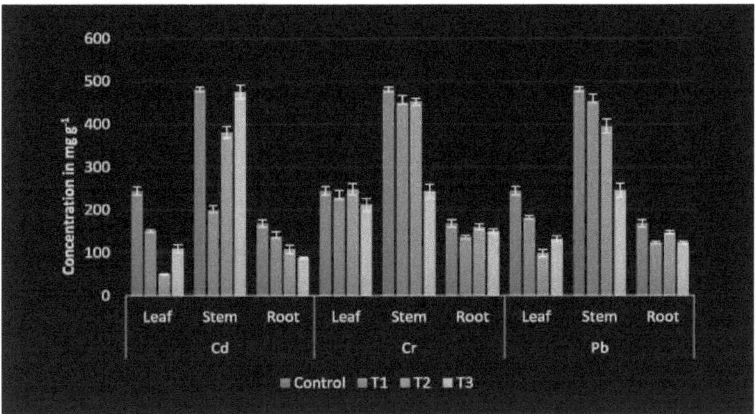

T1- Tratamento 1, T2- Tratamento 2, T3- Tratamento 3

O aumento do teor de açúcar na folha de *A. tenella* na concentração de T2 (75 mg kg^{-1}) em comparação com o controlo, enquanto se observou um declínio em todas as concentrações em *A.Sessilis* (Quadro 8). O tratamento com chumbo e cádmio mostrou redução no açúcar solúvel total em todas as concentrações em duas espécies de *Alternanthera*. Em *A. sessilis,* o menor teor de açúcar solúvel total na folha (182,91±2,45), no caule (95,41±2,3) e na raiz (34,06±1,6) foi encontrado em T1, T3 e T2 de Pb, respetivamente. Também foi observada uma redução significativa em *A. tenella*, onde a redução máxima foi observada no tratamento com Cd. Os resultados estão em conformidade com as conclusões de Singh *et al.* (2007) em *Triticum aestivum* tratado com cobre. O stress causado por metais pesados resultou na redução do teor de açúcar no rabanete (Jayakumar *et al.*, 2007).

Os açúcares são considerados metabolitos importantes porque são os primeiros compostos orgânicos complexos formados na planta como resultado da fotossíntese. Os açúcares desempenham uma série de papéis ecológicos na proteção das plantas contra feridas e infecções, bem como na desintoxicação de substâncias estranhas (Sativir *et al.*, 2000). A toxicidade de metais pesados prejudicou muito não só a decomposição dos polissacáridos, mas também a translocação de açúcares solúveis para o eixo embrionário em crescimento (Kuriakose e Prasad, 2008; Bhushan e Gupta, 2008).

5.3.2 Proteínas solúveis totais

O teor total de proteínas do tecido radicular, em comparação com o controlo, apresentou uma redução significativa em *Alternanthera sessilis* tratada com todos os metais pesados (Figura 2). As plantas tratadas com cádmio apresentaram uma redução máxima do teor de proteínas no caso de *Alternanthera sessilis*. Verificou-se também que o teor proteico dos tecidos foliares foi reduzido devido ao tratamento com todos os metais pesados de forma mais ou menos uniforme (Quadro 9). O teor de proteínas solúveis é conhecido como um indicador de alterações reversíveis e irreversíveis no metabolismo, que responde a uma grande variedade de stress (Singh e Tewari, 2003). Em *Alternanthera tenella*, verificou-se um aumento do teor de proteínas no caule das plantas tratadas com metais pesados. O teor mais elevado de proteínas no caule de *A.tenella* foi observado na presença do tratamento com chumbo T2 (9,36 mg g^{-1}) e nas folhas do tratamento com chumbo T1 (12,61 mg g^{-1}). As proteínas são constituintes importantes da célula que podem ser facilmente danificadas em condições de stress ambiental (Prasad, 1996). Por conseguinte, qualquer alteração nestes compostos pode ser considerada como um indicador importante de stress oxidativo nas plantas.

Os resultados deste estudo mostraram alterações variáveis no teor de proteínas solúveis em diferentes tratamentos com metais que reflectém diferentes níveis de defesa antioxidante. Pensou-se que a diminuição do teor de proteínas solúveis totais sob stress de metais pesados pode ser devida ao aumento da atividade das proteases (Palma *et al.*, 2002), a vários factores estruturais e funcionais

Quadro 9: Efeito do stress provocado por metais pesados no teor de proteínas solúveis totais (mg g^{1}) em duas espécies de *OiAlternanthera*

	Alternanthera sessilis (L.) R.Br.			*Alternanthera tenella* Colla.		
Tratamentos	Folha	Caule	Raiz	Folha	Caule	Raiz
Controlo	9±0.58	4.38±0.5	2.95±0.4	8.36±0.54	7.24±0.52	2.81÷0.47
Cd- Tl	4.25÷0.18***	2.99±0.39**	2.31÷0.39^{ns}	5.6÷0.37***	5.21÷0.69***	1.47±0.46***
Cd- T2	3.51÷0.15***	2.52÷0.36***	1.97±0.25**	10.23÷0.28***	2.5±0.4Γ**	1.4±0.14***
Cd- T3	3.56÷0.42***	1.96±0.49***	1.41÷0.38***	4.61÷0.34***	2.23÷0.54***	1.41±0.46***
Cr-Tl	9.25÷0.315^{ns}	3.88±0.39^{ns}	2.34±0.56^{ns}	7.58±0.37^{ns}	7.62÷0.3^{ns}	1.47±0.37***
Cr-T2	7.83÷0.21^{ns}	3.62±0.36^{ns}	2.04÷0.24*	9.69÷0.26**	4.81÷0.15***	1.43±0.47***
Cr-T3	6.65÷0.49***	2.70÷0.25***	1.08÷0.14***	9.41÷0.40*	3.52÷0.47***	1 4±0.4Γ**
Pb- Tl	7.85±0.59^{ns}	3.96±0.23^{ns}	2.67±0.34^{ns}	12.61÷0.3Γ**	6.36±0.52^{ns}	1.67±0.38***
Pb- T2	8.05÷0.25**	3.23÷0.48*	1.63±0.26**	10.89÷0.44**	9.36÷0.52**	1.36±0.23**

	*		*	*	*	*
Pb- T3	7.39±0.53**	2.61÷0.40** *	1.07÷0.17** *	3.32÷0.2Γ**	5.49÷0.49** *	1.58÷0.14** *

Cada valor representa a média ± DP de medições em triplicado e os sobrescritos representam o nível de significância em comparação com a planta de controlo; * significativo a p<0,05, ** significativo a p<0,01, *** significativo a p<0,001, ns- não significativo (de acordo com o teste de comparações múltiplas de Tukey-Kramer)

Fig. 2. Efeito do stress provocado por metais pesados no teor de proteínas solúveis totais em duas espécies de *Alternanthera*

Alternanthera sessilis **(L.) R.Br.**

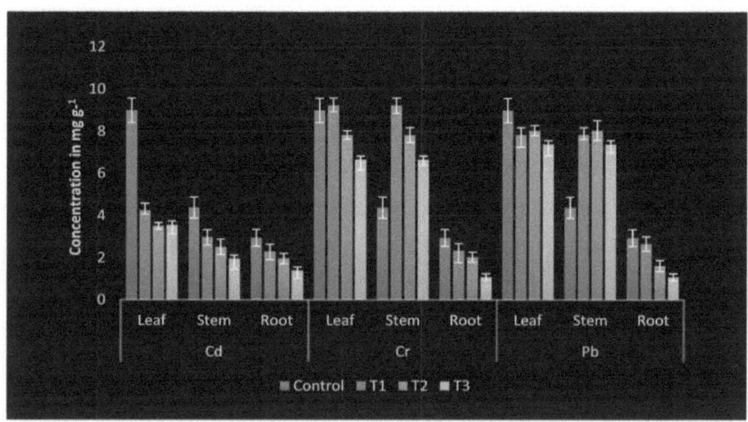

Alternanthera tenella **Colla.**

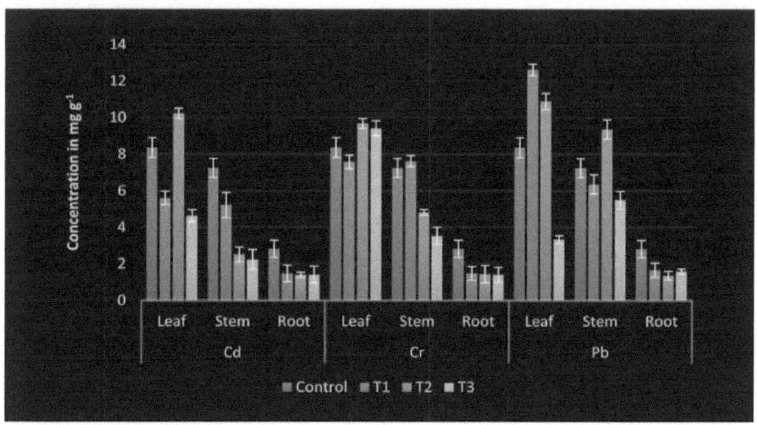

Tl- Tratamento 1, T2- Tratamento 2, T3- Tratamento 3

modificações pela desnaturação e fragmentação de proteínas (John *et al.*, 2009), ligações cruzadas ADN-proteínas (Atesi *et al.*, 2004), interação com resíduos de tiol de proteínas e sua substituição por metais pesados em metaloproteínas (Pal *et al.*, 2006). A diminuição máxima foi observada *no* tratamento com cádmio de *A.sessilis*, especialmente em T3, onde os valores são 3,56, 1,96 e 1,41 mg g^{-1} nas folhas, caule e raiz, respetivamente. Foi relatado que o cádmio é capaz de diminuir o teor de proteínas inibindo a absorção de Mg e K e promovendo modificações pós-tradução (GardeaTorresdey *et al.*, 2004; Romero- Puertas *et al.*, 2007), diminuição da síntese ou aumento da degradação de proteínas (Monteiro *et al.*, 2009) e a prevenção da atividade da Rubisco (Siedlecka *et al.*, 1997; Muthuchelian *et al.*, 2001). O aumento do teor de proteínas solúveis totais sob stress de metais pesados pode estar relacionado com a síntese induzida de proteínas de stress e enzimas de stress envolvidas no ciclo de Krebs, biossíntese de glutationa e fitoquelatina e algumas proteínas de choque térmico (Verma e Dubey, 2003; Mishra *et al.*, 2006).

5.3.3 Lípidos totais

O teor de lípidos parece ter sido elevado no caule *de A.tenella* em quase todos os tratamentos com metais pesados (Fig. 3). O teor mais elevado de lípidos foi apresentado no caule (3,76 %) sob o tratamento com Pb (T3). As folhas e as raízes mostraram flutuações no conteúdo lipídico (Tabela 10). *A.sessilis* mostrou um conteúdo lipídico reduzido em todas as três biopartes, exceto nas folhas do tratamento Cr T3, onde se observou um ligeiro aumento não significativo (5,48%) em comparação com o controlo (5,28%). Verificou-se um aumento significativo do teor de lípidos no caule de *A. sessilis* T3 tratado com Cd (4,30%) em comparação com o controlo (2,29%). Observou-se um aumento significativo do teor de lípidos (2,43%) no tratamento T2 com Pb em comparação com o controlo em *A.tenella*. Além disso, o metal pesado afectou preferencialmente os lípidos que contêm níveis mais elevados de ácidos gordos polinsaturados. Nas plantas *de B.juncea*, foi detectado um aumento dos lípidos das membranas, o que poderia levar a um aumento da área vacuolar onde os metais tóxicos são normalmente armazenados. O principal componente de todas as membranas biológicas são os lípidos, que são responsáveis pela permeabilidade das membranas (Mourato *etal.*, 2015). Os lípidos têm um papel insubstituível em várias actividades fisiológicas, como a fotossíntese, a respiração e o transporte. Após a interação com o metal, este pode induzir alterações qualitativas e quantitativas na composição lipídica das membranas, o que, por sua vez, pode alterar a estrutura e as funções da membrana e outros processos celulares importantes. As ROS produzidas durante o stress causado por metais pesados podem ter resultado na destruição de proteínas e lípidos. Entre os metais pesados, verificou-se também que o Cd e o Cu afectam negativamente a composição lipídica das membranas na planta aquática *Hydrilla verticillata* (Mourato *etal.,* 2015).

Quadro 10: Efeito do stress provocado por metais pesados no teor de lípidos (%) em duas espécies de *Alternanthera*

Tratamentos	*Alternanthera sessilis* (L.) R.Br.			*Alternanthera tenella* Colla.		
	Folha	Caule	Raiz	Folha	Caule	Raiz
Controlo	5.28÷0.44	2.29±0.33	2.36±0.28	4.38±0.37	1.46±0.11	1.23÷0.21^{ns}
Cd- Tl	2.91÷0.45***	1.55±0.26**	1.08÷0.06***	3.17÷0.44*	1.66±0.13^{ns}	1.28÷0.16^{ns}
Cd- T2	3.46÷0.09***	2.34÷0.21^{ns}	0.96÷0.08***	4.17÷0.36^{ns}	1.61÷0.25^{ns}	1.08÷0.05^{ns}
Cd- T3	4.8÷0.17^{ns}	4.30÷0.30***	0.83±0.5Γ**	2.19÷0.33***	1.62÷0.18^{ns}	1.2÷0.16^{ns}
Cr-Tl	3.44÷0.22***	1.44±0.14**	1.47÷0.09***	2÷0.55 ***	2.08±0.4^{ns}	1.15÷0.17^{ns}
Cr-T2	4.27÷0.24**	2.32±0.27^{ns}	1.81±0.2**	4.85±0.2^{ns}	2.93±0.6**	1.44÷0.15^{ns}
Cr-T3	5.48±0.29^{ns}	2.89÷0.20*	0.25÷0.06***	5.34±0.4^{ns}	3.26÷0.37 ***	1.4÷0.16^{ns}
Pb- Tl	3.05÷0.35***	1.92÷0.8^{ns}	1.31±0.14***	5±0.35^{ns}	2.1÷0.32^{ns}	1.42÷0.21^{ns}
Pb- T2	3.47÷0.34***	1.81÷0.14^{ns}	1.13±0.10***	3.41÷0.15^{ns}	3.33±0.48 ***	2.43÷0.23***
Pb- T3	2.93÷0.17***	1.49±0.16**	0.99÷0.05***	2.97÷0.46**	3.76÷0.19***	1.25÷0.21^{ns}

Cada valor representa a média ± DP de medições em triplicado e os sobrescritos representam o nível de significância em comparação com a planta de controlo; * significativo a p<0,05, ** significativo a p<0,01, *** significativo a p<0,001, ns- não significativo (de acordo com o teste de comparações múltiplas de Tukey-Kramer)

Alternanthera sessilis (L.) R.Br.

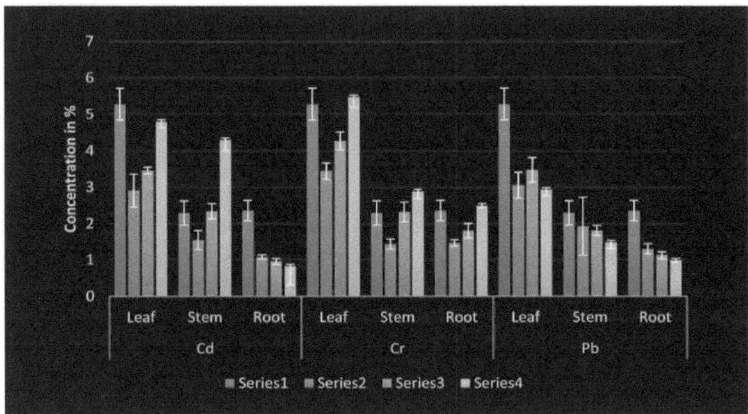

Alternanthera tenella Colla.

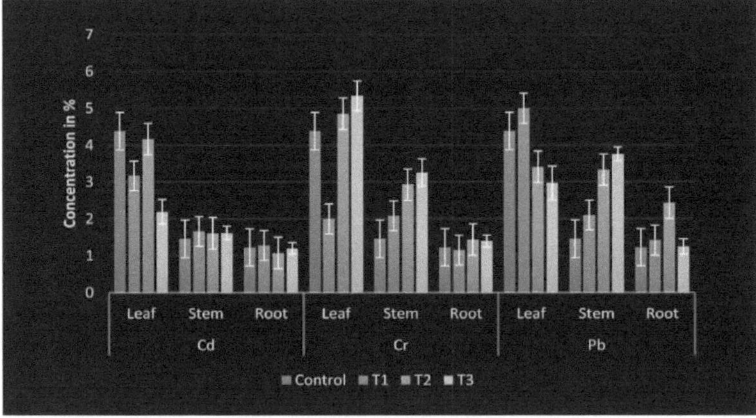

Tl- Tratamento 1, T2- Tratamento 2, T3- Tratamento 3

5.3.4 Aminoácidos totais

As alterações induzidas por metais pesados no teor de aminoácidos foram visíveis em ambas as espécies de *Alternanthera* e em todas as três biopartes. Em comparação com as plantas de controlo, o teor total de aminoácidos livres do tecido radicular de *A.tenella* quando exposto ao crómio mostrou um aumento significativo nos tratamentos Tl (50 mg g^{-1}) e T2 (75 mg g^{-1}) (Figura 4). Os tecidos radiculares tratados com chumbo e cádmio mostraram uma redução significativa nos aminoácidos totais. O teor de aminoácidos livres no tecido do caule de *Alternanthera tenella* tratado com crómio foi muito elevado em comparação com o controlo e outros tratamentos. *A Alternanthera sessilis* apresentou um aumento de aminoácidos livres totais no caule e na raiz tratados com chumbo (Quadro 11). O cobalto a 50 mg kg^{-1} nível do solo aumentou os teores de aminoácidos e proteínas de *Zea mays*. Kleizaite *et al.* (2004) observaram tendências semelhantes devido à aplicação de metais pesados como o cobre, o zinco, o mercúrio, o chumbo e o cádmio no arroz. Estes resultados foram reforçados pelas conclusões de Parmer e Chanda (2005), que também registaram uma diminuição do teor de aminoácidos de *Vigna unguiculata* mediada pelo cádmio e pelo chumbo.

Os aminoácidos desempenham um papel fundamental no metabolismo primário das plantas. Sendo produtos iniciais da fotossíntese e da assimilação do azoto, representam uma ligação importante entre o metabolismo do azoto e do carbono. Uma vez que a sua biossíntese está ligada a processos que dependem de factores ambientais, qualquer alteração das condições ambientais influencia a variabilidade do conjunto de aminoácidos livres (Durzan e Steward, 1983). O azoto é um precursor da síntese de aminoácidos. Quando o teor de azoto das plantas tratadas com metais foi reduzido, o teor de aminoácidos e proteínas das plantas também foi reduzido, sugerindo que a disponibilidade de azoto para a síntese de aminoácidos era limitada (Jaleel *etal.*, 2009).

5.3.5 Fenóis totais

Os compostos fenólicos funcionam como antioxidantes não enzimáticos em plantas sob stress (Michalak, 2006). Os fenólicos têm um grupo flavonoide que pode eliminar diretamente espécies moleculares de ROS devido à sua capacidade de se ligar a moléculas fenólicas. O teor de fenol do tecido radicular flutuou em ambas as plantas tratadas com metais pesados. O teor de fenol do tecido radicular tratado com cádmio mostrou um ligeiro aumento em T3 em comparação com o controlo (Figura 5). O teor de fenol total aumentou com o aumento da concentração de metais pesados em ambas as plantas. O tecido foliar também apresentou uma tendência semelhante (Tabela 12). Esta observação mostrou semelhanças com os pontos de vista de Posmyk *et al.* (2009), que sugeriram que, na couve-roxa, a acumulação de fenólicos, antocianinas e outros isoflavonóides é um mecanismo de defesa eficaz contra as ROS sob stress de cobre. *A* quelação direta de crómio, mercúrio e chumbo em fenólicos ocorre em *Nymphaea alba* (Lavid *et al.*, 2001).

Quadro 11: Efeito do stress provocado por metais pesados no teor de aminoácidos (mg g^1) em duas espécies de *Alternanthera*

Tratamentos	*Alternanthera sessilis* (L.) R.Br.			*Alternanthera tenella* Colla.		
	Folha	Caule	Raiz	Folha	Caule	Raiz
Controlo	4.27÷0.12	3.39±0.26	2.21±0.31	0.65÷0.12	0.45÷0.07	0.26÷0.08
Cd- Tl	1.44±0.13***	0.91÷0.26***	1.58÷0.22^{ns}	0.06÷0.02***	0.06±0.0Γ	0.14÷0.10^{ns}
Cd- T2	1.44±0.17***	1.12±0.27***	1.23±0.19**	0.16÷0.08^{ns}	0.16÷0.05^{ns}	0.10÷0.017^{ns}
Cd- T3	1.55÷0.17***	1.22÷0.2Γ**	0.48÷0.16***	0.26÷0.08^{ns}	0.26÷0.09^{ns}	0.09±0.01 ^{ns}
Cr-Tl	0.38÷0.05***	1.42±0.18***	1.94÷0.11^{ns}	1.06±0.11^{ns}	1.06÷0.24***	0.45±0.11*
Cr-T2	1.35±0.1Γ**	1.06÷0.18***	1.54÷0.21^{ns}	0.63÷0.08**	0.63÷0.17^{ns}	0.84÷0.12***
Cr-T3	2.57÷0.16***	0.95÷0.04***	0.48÷0.12***	0.93÷0.12^{ns}	0.93÷0.10**	0.15±0.06^{ns}
Pb- Tl	0.95÷0.09***	3.16±0.10^{ns}	1.96÷0.03^{ns}	0.25÷0.13***	0.25÷0.08^{ns}	0.25±0.07^{ns}
Pb- T2	2.81÷0.3Γ**	4.12÷0.41**	2.74÷0.13^{ns}	0.35÷0.10^{ns}	0.35÷0.13^{ns}	0.15±0.07^{ns}
Pb- T3	3.25÷0.19***	4.07÷0.26**	3.12÷0.69*	0.26÷0.09***	0.26÷0.15^{ns}	0.11±0.01^{ns}

Cada valor representa a média ± DP de medições em triplicado e o sobrescrito representa o nível de significância em comparação com a planta de controlo; * significativo a p<0,05, ** significativo a p<0,01, *** significativo a p<0,001, ns- não significativo (de acordo com o teste de comparações múltiplas de Tukey-Kramer)

Fig. 4. Efeito do stress de metais pesados no conteúdo de aminoácidos em duas espécies *de* Alternanthera

***Alternanthera sessilis* (L.) R.Br.**

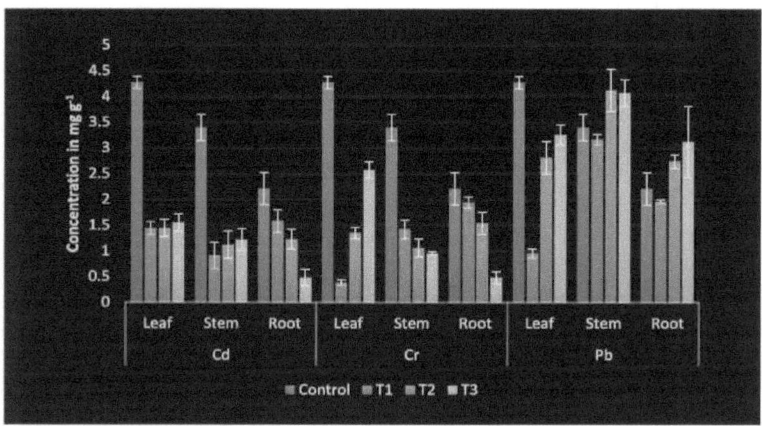

***Alternanthera tenella* Colla.**

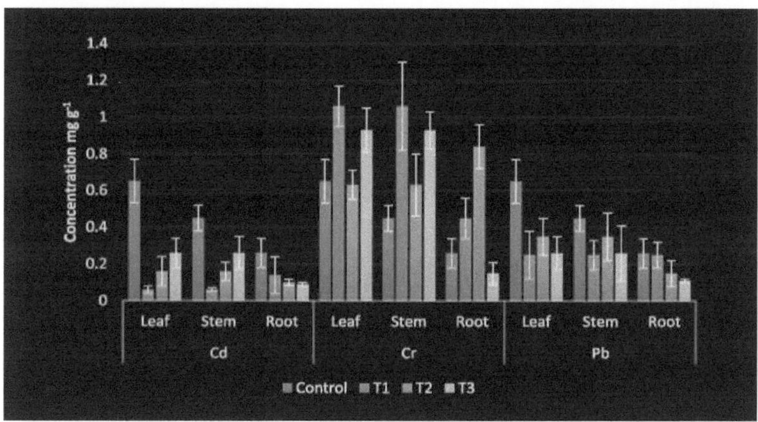

Tl- Tratamento 1, T2- Tratamento 2, T3- Tratamento 3

Quadro 12: Efeito do stress provocado por metais pesados no teor de fenol (mg g$^{\wedge 1}$) em duas espécies de *Alternanthera*

Tratamentos	*Alternanthera sessilis* (L.) R.Br.			*Alternanthera tenella* Colla.		
	Folha	Caule	Raiz	Folha	Caule	Raiz
Controlo	0.48÷0.005	0.54÷0.09	0.83÷0.09	0.3÷0.57	0.27÷0.06	1.94÷0.013
Cd- Tl	1.24±0.Γ**	1.23÷0.09**	0.45±0.Γ	0.45÷0.07^{ns}	0.38÷0.04^{ns}	1.12÷0.1Γ**
Cd- T2	2.8÷0.13***	1.32±0.2Γ**	0.9÷0.06^{ns}	0.68÷0.06***	0.48÷0.04***	1.17±0.13***
Cd- T3	1.54÷0.2^{ns}	3.24÷0.2***	0.42±0.1Γ**	0.79÷0.05***	0.52÷0.05***	2±0.41^{ns}
Cr-Tl	0.49÷0.034^{ns}	0.53÷0.11^{ns}	0.54÷0.01^{ns}	0.34÷0.11 ^{ns}	0.25÷0.04^{ns}	2±0.03^{ns}
Cr-T2	0.51÷0.016***	0.93±0.1^{ns}	0.95÷0.04^{ns}	0.28÷0.03 ^{ns}	0.51÷0.02***	2.1÷0.2^{ns}
Cr-T3	1.86÷0.10^{ns}	1.23±0.2**	1.26±0.25**	0.54÷0.03**	0.11÷0.02**	2.43÷0.11^{ns}
Pb- Tl	1.15÷0.08***	0.95÷0.1^{ns}	0.84÷0.1^{ns}	0.21÷0.02 ^{ns}	0.24÷0.02^{ns}	1.55±0.07^{ns}
Pb- T2	2.44÷0.12***	1.85±0.Γ**	0.85÷0.11^{ns}	0.33±0.01 ^{ns}	0.28÷0.03^{ns}	1.25±0.08**
Pb- T3	3.48÷0.33***	2.17÷0.24***	0.96÷0.15^{ns}	0.49±0.04*	0.14÷0.0Γ	1.44±0.12*

Cada valor representa a média ± DP de medições em triplicado e o sobrescrito representa o nível de significância em comparação com a planta de controlo; * significativo a p<0,05, ** significativo a p<0,01, *** significativo a p<0,001, ns- não significativo (de acordo com o teste de comparações múltiplas de Tukey-Kramer)

Fig. 5. Efeito do stress de metais pesados no teor de fenol em duas espécies *de*
Alternanthera

***Alternanthera sessilis* (L.) R.Br.**

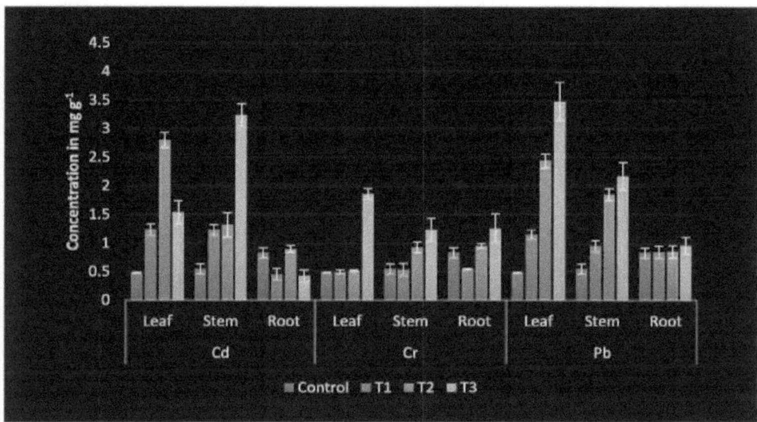

***Alternanthera tenella* Colla.**

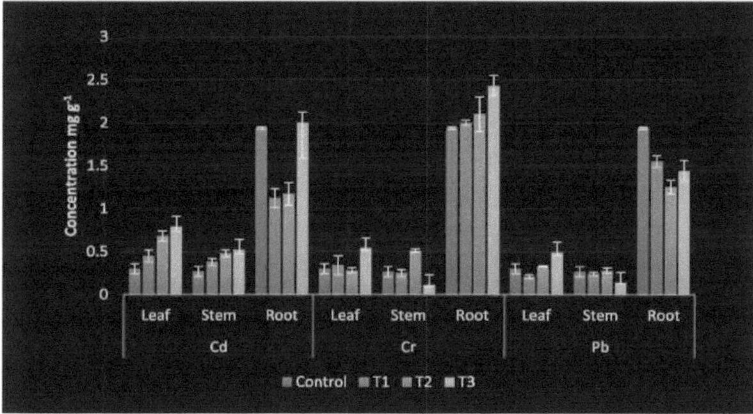

Tl- Tratamento 1, T2- Tratamento 2, T3- Tratamento 3

O aumento significativo de compostos fenólicos em todas as biopartes pode atuar como mecanismo de defesa antioxidante em *Altemanthera*. A propriedade antioxidante dos compostos fenólicos deve-se à sua elevada eficiência na quelação de metais devido à presença de grupos hidroxilo e carboxilo que podem ligar iões metálicos (Morgen *et al.*, 1997). O aumento do teor de fenólicos pode dever-se à função protetora destes compostos contra o stress causado por metais pesados através da quelação de metais e da eliminação de ROS (Brown *et al.*, 1998; Lavid *et al.*, 2001). O aumento do teor de fenóis indica a atividade antioxidante destes compostos sob stress. Estudos anteriores mostraram que os compostos fenólicos, para além do ascorbato, podem proteger a célula contra o stress oxidativo através da reação APX acoplada ao fenol (Polle *et al.,* 1997). Foi documentado que as propriedades antioxidantes dos componentes fenólicos se devem à sua capacidade de quelatar iões de metais de transição, inibindo assim a reação de Fenton induzida por superóxidos (Rice-Evans *et al.*, 1997; Arora *et al.*, 1998) e a estabilidade das membranas através da diminuição da sua fluidez (Blokhina *et al.*, 2003).

5.3.6 Prolina

A prolina, um aminoácido de stress, foi elevada em ambas as plantas tratadas nas três partes. O teor de prolina das raízes foi elevado em ambas as espécies de *Alternanthera* na presença de metais pesados (Figura 6). Isto foi observado nas plantas tratadas com crómio, enquanto o aumento foi menor nas plantas tratadas com chumbo (Quadro 13). O teor de prolina do tecido do caule também mostrou um aumento significativo em todos os tratamentos, sendo máximo nas plantas *de Alternanthera tenella* tratadas com cádmio (17,53 mg g^{-1}) e nos caules *de Alternanthera sessilis* tratados com chumbo (T2) (12,51 mg g^{-1}). O tecido foliar das plantas tratadas com cádmio e crómio apresentou níveis elevados de prolina, que foi mais de cinco vezes comparado com o controlo em ambas as espécies. Esta observação está de acordo com o ponto de vista apresentado por Hopkins (2000) e Rai *et al.* (2004), que sugeriram que a elevada acumulação de prolina em *Ocimum tenuiflorum* tratado com crómio está relacionada com o mecanismo de defesa adotado pela planta para fazer face à toxicidade de metais pesados. A prolina tem múltiplas funções, como a manutenção da osmose, a eliminação de radicais livres e a estabilização das membranas (Rout *et al.*, 1997; Sardhi e Saradhi, 1991). A acumulação de prolina nos tecidos vegetais deve-se a uma diminuição da degradação da prolina e a um aumento da biossíntese de prolina (Charest e Phan, 1990; Kasai *et al.*, 1998). Foi sugerido que uma diminuição significativa da atividade de transporte de electrões mitocondriais acompanha o aumento da acumulação de prolina sob stress ambiental (Saradhi *et al.*, 1995). A indução da acumulação de prolina em resposta ao stress abiótico pode dever-se ao seu efeito na permeabilidade da membrana (Pesci e Reggiani, 1992).

Quadro 13: Efeito do stress provocado por metais pesados no teor de prolina (mg g^1) em duas espécies de *Alternanthera*

Tratamentos	*Alternanthera sessilis* (L.) R.Br.			*Alternanthera tenella* Colla.		
	Folha	Caule	Raiz	Folha	Caule	Raiz
Controlo	6.3±0.20	5.28÷0.16	6.36±0.39	7.36±0.47	4.23±0.42	5.64±0.21
Cd- Tl	4.3÷0.12*	10.34÷0.85***	14.37÷0.27***	12.9÷0.44***	5.17÷0.41^{ns}	4.98±0.25^{ns}
Cd- T2	6.16÷0.35^{ns}	11.48÷1.014***	15.58÷0.35***	38.27÷0.86***	17.53÷1.06***	5.83±0.45^{ns}
Cd- T3	4.05÷0.35**	11.58÷0.39***	15.13÷0.53***	18.51÷1.02***	14.26÷0.64***	6.12÷0.25^{ns}
Cr-Tl	9.61÷0.33***	4.42÷0.14^{ns}	6.85÷0.38^{ns}	9.4÷1.02^{ns}	4.67±0.87^{ns}	8.37÷0.48***
Cr-T2	12.21÷0.3Γ**	9.64÷0.66***	7.33±0.2^{ns}	12.59÷0.59***	9.57÷0.09***	9 48±O.47***
Cr-T3	18.49±1.03***	9.7÷0.54***	8.13÷0.3***	18.79÷0.56***	9.73÷0.49***	10.17÷0.26***
Pb- Tl	14.55÷0.93***	8.54÷0.55***	9.31÷0.26***	19.16÷0.8***	7.69÷0.54***	8.17÷0.34***
Pb- T2	24.35÷1.07***	12.51÷0.45***	10.42÷0.26***	15.52÷0.46***	4.34±0.46^{ns}	8.56÷0.26***
Pb- T3	22.55÷ 1.09***	10.48÷0.16***	13.23÷0.31***	4.51÷0.13**	4.46÷0.51^{ns}	9.15÷0.36***

Cada valor representa a média ± DP de medições em triplicado e o sobrescrito representa o nível de significância em comparação com a planta de controlo; * significativo a p<0,05, ** significativo a p<0,01, *** significativo a p<0,001, ns- não significativo (de acordo com o teste de comparações múltiplas de Tukey-Kramer)

Fig. 6. Efeito do stress provocado por metais pesados no teor de prolina em duas espécies de *Alternanthera*

Alternanthera sessilis (L.) R.Br.

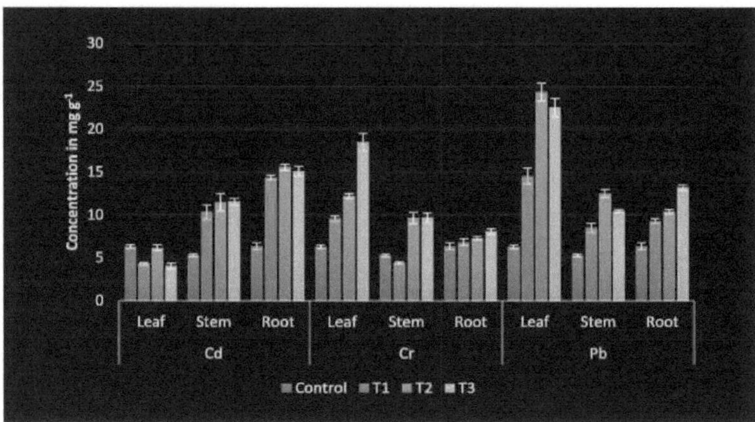

Alternanthera tenella Colla.

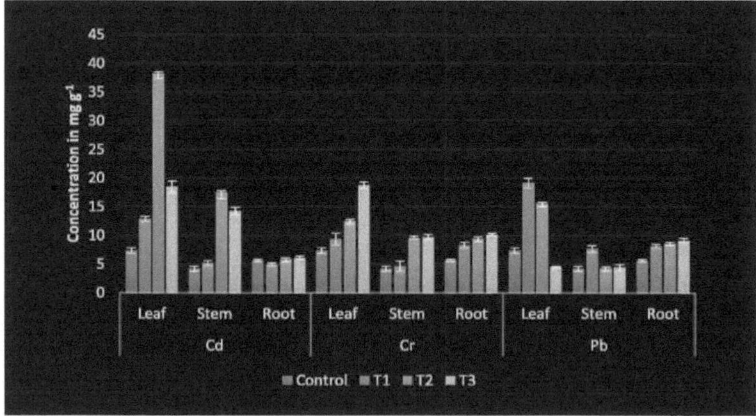

Tl- Tratamento 1, T2- Tratamento 2, T3- Tratamento 3

Este aminoácido actua como osmólito por propriedades antioxidantes, osmoprotectoras e quelante de metais (Farago e Mullen, 1979). Participa na reconstituição da clorofila (Carpena *et al.*, 2003), na regulação da acidez citosólica (Gajewska e SkIodowska, 2008), na tolerância ao stress por osmorregulação e na estabilização da síntese proteica (Kuznetsov e Shevyakova, 1997). Estabiliza as macromoléculas e os organelos (John *et al.*, 2008), protege as enzimas da desnaturação (Gajewska e SkIodowska, 2008) e também serve como fonte de azoto e energia no crescimento de recuperação (Chandrashekhar e Sandhyarani, 1996). No presente estudo, o aumento dos níveis de prolina, um aminoácido proteinogénico, em todos os tratamentos reforça a hipótese de que este aminoácido, através da desintoxicação de espécies reactivas de oxigénio, aumenta a tolerância aos metais pesados. Por conseguinte, a acumulação de prolina pode ser considerada como um indicador de tolerância ao stress causado por metais pesados.

5.3.7 Perfil de pigmentação

O teor de clorofila diminuiu com o aumento da concentração de metais pesados no caule e nas folhas de ambas as espécies (Quadro 14). A clorofila e os carotenóides são a parte principal da manifestação energética de praticamente todos os sistemas de plantas verdes e qualquer alteração significativa nos seus níveis é suscetível de causar um efeito notável em todo o crescimento e metabolismo de uma planta. No presente estudo, o tratamento com metais pesados diminuiu o teor de clorofila e carotenóides nas plantas tratadas. Registou-se uma diminuição drástica do teor de clorofila nas plantas tratadas com Cr e Cd em comparação com as plantas tratadas com Pb. A redução do teor de clorofila devido a metais pesados também foi registada em ervilha-de-angola (Sheoran *et al.*, 1990) e espinafre (Dube *et al.*, 2002).

O cloroplasto contém muitas partes que respondem ao stress causado pelos metais pesados, pelo que quaisquer alterações na síntese e atividade da clorofila são utilizadas como índice dos efeitos tóxicos diretos dos metais pesados. A diminuição do teor de clorofila pode dever-se à redução da síntese de clorofila e à inibição da atividade de enzimas como a δ-aminolevulinic acid dehydratase (Padmaja *et al.*, 1990) e a protoclorofilida redutase (Van Assche e Clijsters, 1990), à substituição de Mg por metais pesados na estrutura da clorofila (Kupper *et al*, 1998), destruição da membrana dos cloroplastos por peroxidação lipídica devido ao aumento da atividade da peroxidase e à falta de antioxidantes como os carotenóides (Prasad e Strzalka, 1999).

No presente estudo, a redução do teor de carotenóides também foi avaliada em todas as plantas tratadas. O teor de carotenóides diminuiu em resposta a todos os tratamentos, exceto no caule e nas folhas de *A. tenella* tratados com Cr (Quadro 15). Os carotenóides protegem a clorofila

Fig. 7. **Efeito do stress provocado por metais pesados no teor de clorofila total em duas espécies de *Alternanthera***

Alternanthera sessilis (L.) R.Br.

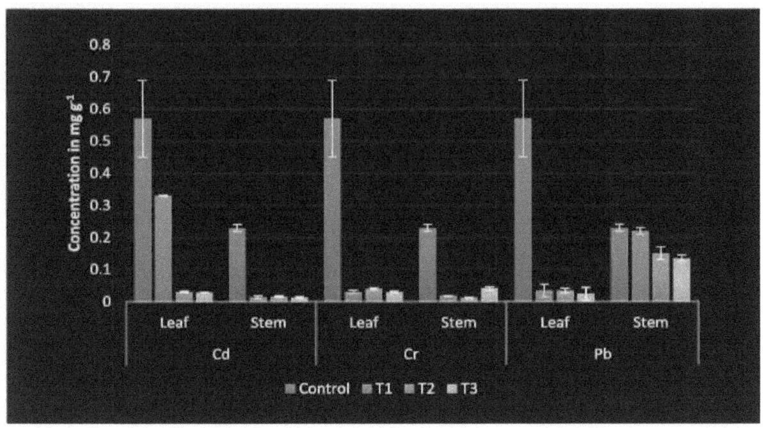

Alternanthera tenella Colla.

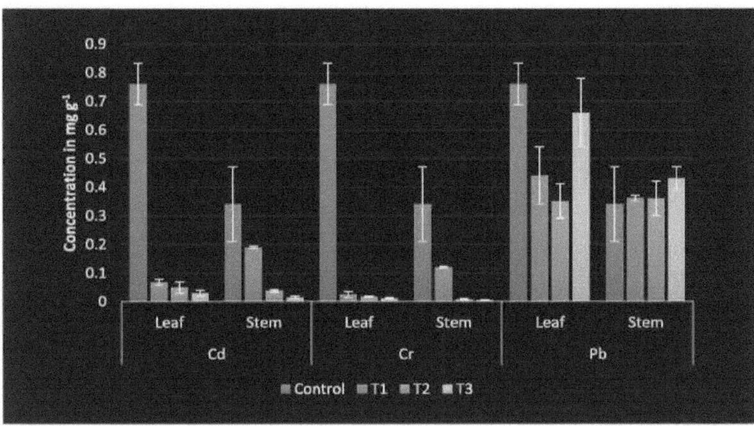

T1- Tratamento 1, T2- Tratamento 2, T3- Tratamento 3

da destruição fotoxidativa (Middleton e Teramura, 1993), pelo que a redução dos carotenóides pode ter consequências graves para os pigmentos de clorofila. Foram obtidos resultados semelhantes no girassol após tratamento com Cd (Hammami *et al.*, 2004). Foi observado um ligeiro aumento do teor de carotenóides no caule de *A. tenella* tratado com Pb, mas este aumento indica um papel importante deste pigmento na desintoxicação de ROS (Tewari *et al.*, 2002; Chandra *et al.*, 2009).

80

Sob um regime de luz intensa, os carotenóides desempenham um papel importante na proteção do aparelho fotossintético contra os danos oxidativos. Os carotenóides estabilizam e protegem a fase lipídica das membranas dos tilacóides (Havaux, 1998), e são supressores do estado tripleto excitado da clorofila e do oxigénio singlete (Siefermann Horms, 1987). Os carotenóides são pigmentos antioxidantes não enzimáticos que protegem a clorofila, as membranas e a composição genética das células contra as ERO sob o stress dos metais pesados (Hou *et al.*, 2007). Nas células vegetais, o papel protetor deste pigmento pode dever-se à extinção da clorofila triplete, substituindo a peroxidação e a destruição da membrana dos cloroplastos (Kenneth *et al.*, 2000). Estudos anteriores revelaram que a diminuição do teor de carotenóides é uma resposta comum à toxicidade dos metais (Rout *et al.*, 2001).

Quadro 14: Efeito do stress provocado por metais pesados no teor de clorofila total (mg g^{-1}) em duas espécies de *Alternanthera*

	Alternanthera sessilis (L.) R.Br.		*Alternanthera tenella* Colla.	
Tratamentos	**Folha**	**Caule**	**Folha**	**Caule**
Controlo	0.57 ± 0.12	0.23 ± 0.01	0.76 ± 0.072	0.34 ± 0.13
Cd- T1	$0.33\div0._{002}{}^{***}$	$0.014\div0._{004}{}^{***}$	$0.068\pm0._{0\Gamma}{}^{**}$	$0.19\div0._{004}{}^{***}$
Cd- T2	$0.03\div0._{002}{}^{***}$	$0.016\div0._{002}{}^{***}$	$0.05\div0._{02}{}^{***}$	$0.038\div0._{004}{}^{***}$
Cd- T3	$0.028\div0._{002}{}^{***}$	$0.013\pm0._{003}{}^{***}$	$0.03\pm0._{0\Gamma}{}^{**}$	$0.015\div0._{004}{}^{***}$
Cr-T1	$0.03\div0._{005}{}^{***}$	$0.018\pm0._{0\Gamma}{}^{**}$	$0.025\pm0._{0\Gamma}{}^{**}$	$0.12\div0._{003}{}^{***}$
Cr-T2	$0.04\div0._{003}{}^{***}$	$0.012\div0._{003}{}^{***}$	$0.018\div0._{002}{}^{***}$	$0.008\div0._{002}{}^{***}$
Cr-T3	$0.03\pm0._{003}{}^{***}$	$0.041\div0._{005}{}^{***}$	$0.012\div0._{002}{}^{***}$	$0.005\div0._{001}{}^{***}$
Pb- T1	$0.034\div0._{02}{}^{***}$	0.22 ± 0.01^{ns}	$0.44\pm0._{\Gamma}{}^{**}$	0.361 ± 0.01^{ns}
Pb- T2	$0.034\div0._{007}{}^{***}$	$0.15\pm0._{02}{}^{**}$	$0.35\div0._{06}{}^{***}$	0.36 ± 0.06^{ns}
Pb- T3	$0.024\div0._{02}{}^{***}$	$0.134\pm0._{0\Gamma}{}^{**}$	$0.66\div0._{12}{}^{***}$	0.43 ± 0.04^{ns}

Cada valor representa a média ± DP de medições em triplicado e o sobrescrito representa o nível de significância em comparação com a planta de controlo; * significativo a p<0,05, ** significativo a p<0,01, *** significativo a p<0,001, ns- não significativo de acordo com o teste de comparações múltiplas de Tukey-Kramer)

Fig. 8. Efeito do stress provocado por metais pesados no teor de carotenóides em duas espécies de *Alternanthera*

Alternanthera sessilis (L.) R.Br.

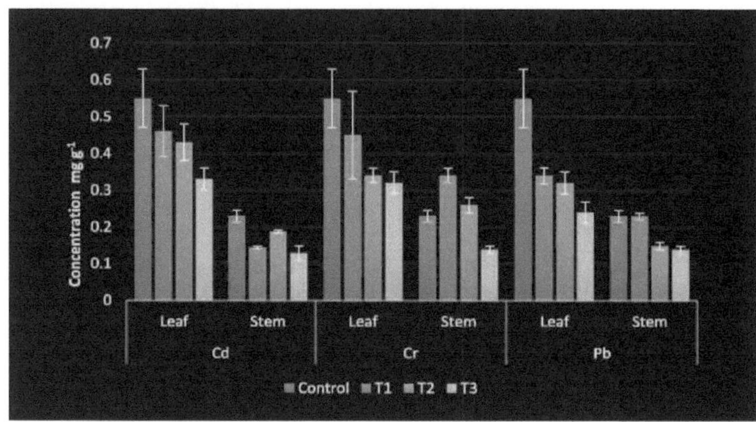

Alternanthera tenella Colla.

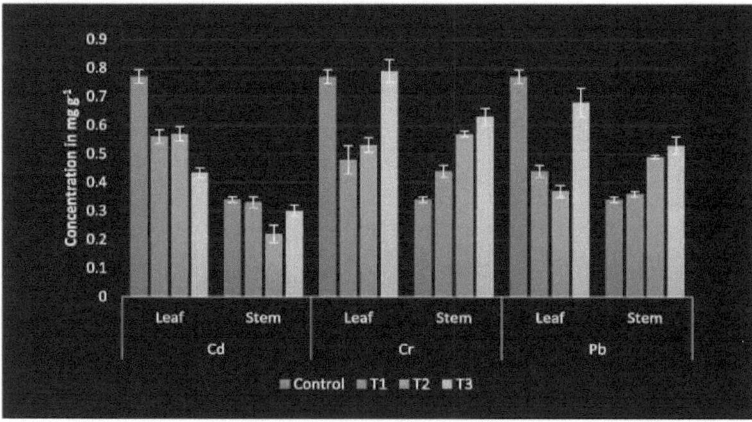

Tl- Tratamento 1, T2- Tratamento 2, T3- Tratamento 3

Quadro 15: Efeito do stress provocado por metais pesados no teor de carotenóides (mg g^{-1}) em duas espécies de *Alternanthera*

	Alternanthera sessilis (L.) R.Br.		*Alternanthera* *tenella* Colla.	
Tratamentos	Folha	Caule	Folha	Caule
Controlo	0.55 ± 0.08	0.23 ± 0.015	0.77 ± 0.024	0.34 ± 0.01
Cd- T1	0.46 ± 0.07^{ns}	$0.145\div0.004^{***}$	$0.56\div0.024^{***}$	0.33 ± 0.02^{ns}
Cd- T2	0.43 ± 0.05^{ns}	$0.188\pm0.004^{**}$	$0.57\div0.025^{***}$	$0.22\div0.03^{***}$
Cd- T3	$0.33\pm0.03^{**}$	$0.13\div0.02^{***}$	$0.434\div0.017^{***}$	0.30 ± 0.02^{ns}
Cr-T1	0.45 ± 0.12^{ns}	$0.34\div0.02^{***}$	$0.48\div0.05^{***}$	$0.44\div0.02^{***}$
Cr-T2	$0.34\pm0.02^{**}$	0.26 ± 0.02^{ns}	$0.531\div0.026^{***}$	$0.57\pm0.01^{**}$
Cr-T3	$0.32\pm0.03^{**}$	$0.14\pm0.01^{**}$	0.789 ± 0.04^{ns}	$0.63\pm0.03^{***}$
Pb- T1	$0.34\pm0.022^{**}$	0.23 ± 0.01^{ns}	$0.44\div0.02^{***}$	0.36 ± 0.01^{ns}
Pb- T2	$0.32\pm0.03^{**}$	$0.15\pm0.01^{**}$	$0.37\div0.02^{***}$	$0.49\div0.005^{***}$
Pb- T3	$0.24\div0.03^{***}$	$0.14\pm0.01^{**}$	0.68 ± 0.05^{ns}	$0.53\div0.03^{***}$

Cada valor representa a média $\pm$ DP de medições em triplicado e o sobrescrito representa o nível de significância em comparação com a planta de controlo; * significativo a $p<0,05$, ** significativo a $p<0,01$, *** significativo a $p<0,001$, ns- não significativo (de acordo com o teste de comparações múltiplas de Tukey-Kramer)

5.4 Antioxidantes enzimáticos

As células vegetais podem ser protegidas das espécies reactivas de oxigénio através da ação combinada de sistemas antioxidantes enzimáticos. Estas enzimas removem os radicais superóxidos, que são prejudiciais para as membranas celulares. As plantas geram uma resposta antioxidante para superar o stress causado pelos metais pesados e o aumento das enzimas antioxidantes pode estar associado à capacidade de tolerância das plantas para as proteger dos danos oxidativos.

5.4.1 Superóxido dismutase (SOD)

A atividade da superóxido dismutase foi máxima no tecido radicular do controlo e dos tratamentos, em comparação com o caule e a folha (Fig. 9 e Quadro 16). Devido ao tratamento com cádmio, a atividade da superóxido dismutase aumentou seis vezes nas raízes de *Alternanthera sessilis*, enquanto se observou um aumento significativo nos tecidos do caule e da folha. A atividade da superóxido dismutase das plantas tratadas com crómio foi significativamente mais elevada do que a do controlo, mas foi inferior à dos tecidos tratados com Cd. As plantas tratadas com chumbo também apresentaram uma atividade da superóxido dismutase significativamente mais elevada do que a do controlo, sendo máxima nos tecidos da raiz. Observou-se uma tendência semelhante em *A. tenella* e a atividade enzimática mais elevada foi observada na planta tratada com Cr (T3). As suas folhas apresentaram maior atividade do que o caule e a raiz.

Quadro 16: Efeito do stress provocado por metais pesados na atividade da SOD (Ug^1) em duas espécies de *OiAlternanthera*

Tratamentos	*Alternanthera sessilis* (L.) R.Br.			*Alternanthera tenella* Colla.		
	Folha	Caule	Raiz	Folha	Caule	Raiz
Controlo	1.6±0.14	4.3±0.26	4.92÷0.18	14.84÷0.36	15.94±0.41	20.33±0.22
Cd- Tl	12.42±0.1Γ**	18.05÷0.4**	20.37÷0.2Γ**	10.84÷0.12***	31.25÷1.15***	32.4±1.02**
Cd- T2	17.63÷0.20**	17.33÷0.27**	25.55÷0.62**	53i 1 ***	19.81÷0.49**	34.6÷0.98**
Cd- T3	18.41÷0.1Γ**	16.04÷0.29**	30.23÷0.22**	2 2 I2***	10÷0.58 ***	29.4±1.45**
Cr-Tl	7.3±0.Γ**	8.78÷0.54**	10.37÷0.16**	16.39÷0.22^{ns}	16.25÷0.26^{ns}	24.77÷0.20*
Cr-T2	21.41÷0.10**	10.17÷0.25**	12.45÷0.22**	19.5÷0.26**	22.79÷0.35**	18.28÷0.26^{ns}
Cr-T3	13.41÷0.26**	9.63÷0.20**	13.25÷0.26**	24.05÷0.56**	63.51÷0.76**	29.3÷0.21Γ*
Pb- Tl	10.83÷0.39**	8.73÷0.36**	21.23÷0.20**	12.31÷0.25*	16.23÷0.36^{ns}	30.68÷0.68**
Pb- T2	12.39÷0.25^{ns}	7.27÷0.27**	25.63÷0.35**	16.21÷0.25^{ns}	18.43±1.10*	32.57÷2.06**
Pb- T3	8.44÷0.19***	8.43÷0.2***	28.87÷0.49**	19.96÷0.56**	42.38÷1.1Γ*	36.62±1.02**

Cada valor representa a média ± DP de medições em triplicado e os sobrescritos representam o nível de significância em comparação com a planta de controlo; * significativo a p<0,05, ** significativo a p<0,01, *** significativo a p<0,001, ns- não significativo (de acordo com o teste de comparações múltiplas de Tukey-Kramer)

Fig. 9. **Efeito do stress provocado por metais pesados na atividade da superóxido dismutase em duas espécies** *de Alternanthera*

Alternanthera sessilis **(L.) R.Br.**

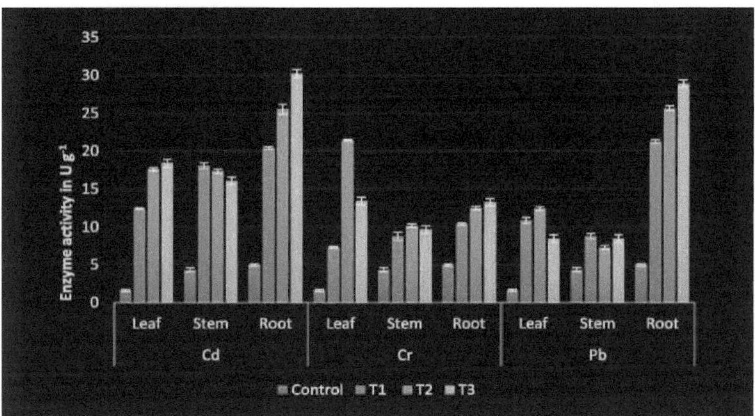

Alternanthera tenella **Colla.**

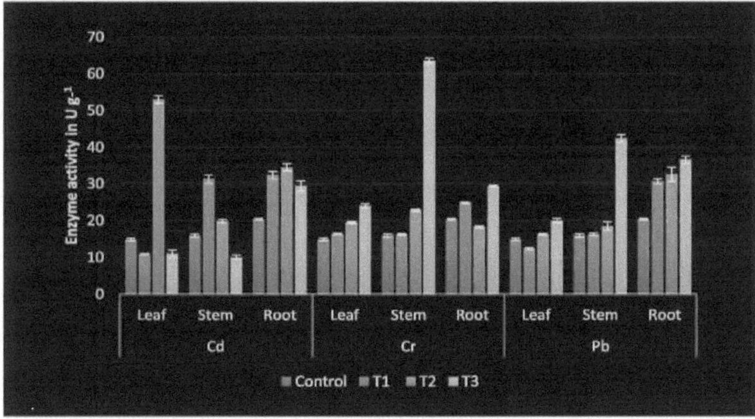

Tl- Tratamento 1, T2- Tratamento 2, T3- Tratamento 3

A SOD é um dos componentes essenciais do sistema de defesa antioxidante das plantas, que pode ser utilizado como biomarcador do stress ambiental (Dazy *et al.*, 2009). A superóxido dismutase é a primeira enzima a desintoxicar espécies de oxigénio altamente reactivas nas plantas, convertendo os radicais O_2 - em H O_{22} (Giannopolitis e Ries, 1977). O produto da atividade da SOD, H O_{22} é ainda tóxico e deve ser eliminado por conversão em água em reacções subsequentes. Enzimas como a catalase, a peroxidase do ascorbato e a peroxidase do guaiacol são consideradas as mais importantes na eliminação do H O_{22} nas plantas. A catalase elimina o superóxido, decompondo-o diretamente em água e oxigénio. A diminuição da atividade da SOD em concentrações elevadas de metais pode dever-se à inativação da enzima pela produção de ROS em excesso e à degradação da enzima (Filek *et. al.*, 2008) ou à ligação de metais pesados não essenciais ao sítio ativo da enzima (Stroinski e Kozlowska, 1997).

5.4.2 Catalase (CAT)

Foi registado um aumento significativo da atividade da catalase sob tratamento com metais pesados em ambas as espécies de plantas experimentais (Fig. 10). A atividade da CAT foi duplicada em todas as biopartes de *A. sessilis* tratadas com metais pesados (Quadro 17). Esperava-se um aumento da atividade da catalase, uma vez que o aumento da atividade da SOD produziu H_2O_2 que deve ser desintoxicado pela CAT e POX para manter o estado redox da célula. A atividade da catalase duplicou nos tecidos da raiz e os tecidos do caule e das folhas apresentaram um aumento significativo. O tecido foliar de *Altemanthera tenella* tratado com uma concentração elevada de Cr apresentou uma atividade máxima de catalase (cerca de 10 vezes superior). O caule e a raiz de *A. tenella* tratada com Cr também registaram um aumento significativo. Em A. *sessilis,* a atividade da CAT aumentou em todos os tratamentos. Assim, é evidente que a catalase desempenhou um papel importante na desintoxicação de H_2O_2 induzida sob stress de metais pesados. A atividade da catalase é coordenada com a atividade da SOD, o papel protetor é desempenhado na eliminação do O_2 - e do H_2O_2 , e por isso a planta é mais tolerante ao chumbo e a SOD reduziu a peroxidação lipídica e induziu a tolerância em *Hordeum vulgare* e *Nicotiana tabacum* stressados com sal. Existem duas vias na eliminação de ROS, tais como SOD/CAT e o ciclo ascorbato-glutationa, tal como relatado por Foyer *et al.* (1994).

A CAT é um dos componentes mais importantes dos mecanismos de proteção das plantas que existe nas mitocôndrias e nos peroxissomas e tem um papel importante na eliminação de radicais livres, especialmente H_2O_2 gerados durante a fotorrespiração (Bowler *et al.*, 1992) e sob stress (Mittler, 2002; Foyer e Noctor, 2005). No presente estudo, a atividade da CAT aumentou em todos os tratamentos, o que pode ser considerado como uma prova circunstancial do papel da CAT na desintoxicação de H_2O_2 induzida sob stress de metais pesados.

Quadro 17: Efeito do stress provocado por metais pesados na atividade da catalase (Ug[1]) em duas espécies de *OiAlternanthera*

Tratamentos	*Alternanthera sessilis* (L.) R.Br.			*Alternanthera tenella* Colla.		
	Folha	Caule	Raiz	Folha	Caule	Raiz
Controlo	2.09÷0.34	2.14÷0.15	3.55±0.1	2.49±0.25	3.18÷0.15	5.35±0.31
Cd- Tl	2.44÷0.12ns	3.56±0.1Γ**	4.83÷0.18***	4.67÷0.1Γ**	5.64÷0.20***	9.7÷0.23***
Cd- T2	4.42÷0.14***	5.37÷0.36***	6.26÷0.26***	5.65÷0.Π***	6.14÷0.2Γ**	10.31÷0.22***
Cd- T3	5.52±0.1Γ**	5.88±0.3Γ**	8.23÷0.2***	6.37÷0.15***	7.58÷0.27**	9.47÷0.17**
Cr-Tl	2.58÷0.11ns	3.62÷0.25**	4.26÷0.24**	14.37÷0.2Γ**	12.25÷0.27***	8.32÷0.12**
Cr-T2	3.88÷0.10***	0.43÷0.19***	5.66÷0.12***	31.38±0.23***	15.59÷0.16***	9.2÷0.15***
Cr-T3	6.49÷0.28***	7.79÷0.44***	7.58÷0.27***	29.61÷0.106***	19.96±0.5Γ*	12.35÷0.19***
Pb- Tl	1.58±0.1Γ	3.76÷0.12***	4.94÷0.13***	4.17÷0.35**	4.36÷0.26**	7.79÷0.15***
Pb- T2	2.53±0.2ns	4.86÷0.12***	5.33±0.Γ**	7.18÷0.25***	0.27÷0.25***	7.93÷0.10***
Pb- T3	5.86÷0.09***	6.35÷0.16***	6.93±0.1Γ*	12.24÷0.4***	9.22÷0.2Γ**	9.66÷0.13***

Cada valor representa a média ± DP de medições em triplicado e o sobrescrito representa o nível de significância em comparação com a planta de controlo; * significativo a p<0,05, ** significativo a p<0,01, *** significativo a p<0,001, ns- não significativo (de acordo com o teste de comparações múltiplas de Tukey-Kramer)

Fig. 10.   Efeito do stress provocado por metais pesados na atividade da catalase em duas espécies de *Alternanthera*

Alternanthera sessilis **(L.) R.Br.**

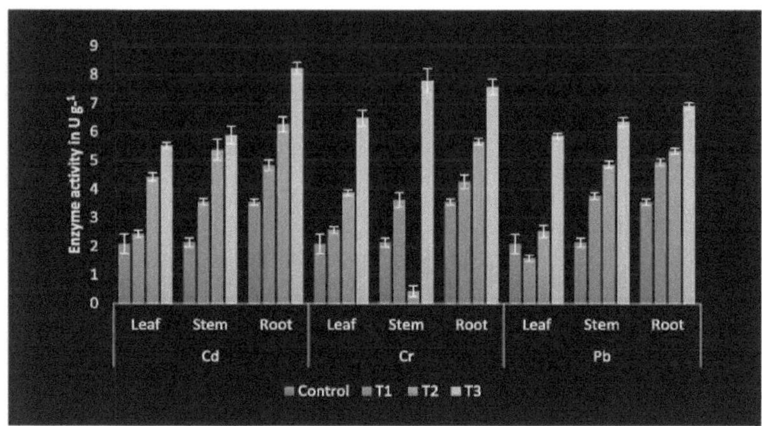

Alternanthera tenella **Colla.**

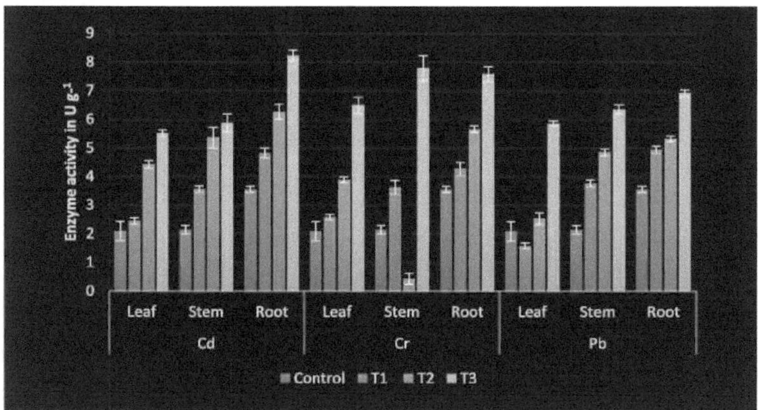

Tl- Tratamento 1, T2- Tratamento 2, T3- Tratamento 3

5.4.3 Peroxidase (POD)

A peroxidase foi muito ativa nos tecidos da raiz, caule e folhas de ambas as espécies de *Alternanthera* (Fig.11). A atividade da peroxidase do tecido radicular de *A. sessiUs* tratado com Cd foi superior à dos outros dois metais. As biopartes tratadas com Cr apresentaram a atividade peroxidase mais baixa e as plantas tratadas com Cd a mais elevada. A atividade da peroxidase foi elevada em todos os tecidos, independentemente dos tratamentos. Os tecidos de raiz de *A.*

tenella tratados com Pb (T2) apresentaram a maior atividade de peroxidase (69,45 Ug^{-1}). A mudança na atividade foi significativa no caule e na folha em comparação com o controlo (Tabela 18). O tratamento com Cd (T2) nos tecidos foliares de *A. tenella* mostrou a maior atividade de POD (109,1 U g^{-1}), que é 15 vezes superior à do controlo. O tratamento com crómio também resultou num aumento significativo da atividade da peroxidase nos tecidos da raiz, caule e folha. Em comparação com o controlo, a atividade da peroxidase aumentou em todos os tratamentos com Cd.

As peroxidases (POX), com um grande número de formas isoenzimáticas, participam numa variedade de funções celulares, como o crescimento, o desenvolvimento, a diferenciação, a senescência, o catabolismo da auxina e a lignificação (Cui e Wang, 2006). O aumento da atividade da peroxidase sugere que a enzima serve como um instrumento de defesa intrínseco para resistir a danos oxidativos induzidos por metais nas duas espécies de *Alternanthera*. As peroxidases são enzimas de stress amplamente aceites sob stress de metais pesados. O nível de atividade da peroxidase é utilizado como um biomarcador potencial para avaliar a intensidade do stress (Shah *et al.*, 2004). Embora qualquer alteração na atividade da peroxidase possa ser considerada como uma resposta típica ao stress oxidativo, a diversidade na atividade da peroxidase sob stress de metais pesados depende do estado fisiológico e do potencial genético da planta, do tempo de tratamento e da concentração do metal (Schutzendube e Polle, 2002; Tamas *et al.*, 2008).

5.4.4. Polifenol oxidase (PPO)

A atividade da polifenol oxidase aumentou com o aumento da concentração de metais pesados em quase todos os tratamentos em ambas as espécies (Fig. 12). *A* atividade mais elevada foi registada nas folhas e raízes de *A. tenella* no tratamento Cd T3 (5,79 U g^{-1} e 5,97 U g^{-1} respetivamente). A atividade mais elevada da PPO no caule *de A. tenella* foi registada em plantas tratadas com Pb (T3) (5,12 U g^{-1}). Em *A. sessilis,* as folhas e a raiz mostraram uma maior atividade em Pb (T3), enquanto que no caule sob Cd (T1) (Quadro 19). O aumento da atividade da PPO sob stress de metais Cd e Hg em *R. sativus* significa os efeitos tóxicos destes metais pesados (Sharma *et al.*, 2014). As enzimas antioxidantes (POX e PPO) aumentaram com um aumento do nível de Co no solo em *Vigna radiate* (Jaleel *et al.*, 2009). A atividade da PPO em algumas espécies de plantas foi observada sob stress de metais pesados e mostrou um aumento significativo em comparação com o controlo (Kovacik e Klejdus, 2008; Saffar *et al.*, 2009).

Quadro 18: Efeito do stress provocado por metais pesados na atividade da peroxidase (Ug^1) em duas espécies de *OiAlternanthera*

	Alternanthera sessilis (L.) R.Br.			*Alternanthera tenella* Colla.		
Tratamentos	**Folha**	**Caule**	**Raiz**	**Folha**	**Caule**	**Raiz**
Controlo	4.63±0.21	5.58÷0.18	7.36÷0.10	6.92÷0.13	9.09÷0.23	12.88÷0.46
Cd- Tl	13.49÷0.26***	23.1÷0.79***	18.93÷0.32***	42.353÷0.94***	48.45÷0.5***	48.56÷0.76***
Cd- T2	14.95÷0.34***	20.12÷0.16***	24.31÷0.30***	109.1÷0.8***	70.62÷0.74***	63.94÷0.7Γ**
Cd- T3	14.31÷0.15***	14.37÷0.17***	26.66÷0.3**	49.3÷0.58***	67.01÷0.3Γ**	52.57÷0.87***
Cr-Tl	2.85÷0.12***	5.78÷0.15^{ns}	9.34÷0.13***	26.64÷0.8Γ**	6.74±0.3Γ*	19.84÷0.58***
Cr-T2	3.26÷0.26***	3.93÷0.15***	10.48÷0.12***	43.37÷0.93***	26.27±Γ**	38.94÷0.6***
Cr-T3	3.65÷0.Γ**	5.74÷0.1^{ns}	8 21±0.13**	54.49÷0.86***	34.8÷0.46***	64.41±1.0Γ**
Pb- Tl	12.48÷0.25***	11.19±0.Γ**6	13.15÷0.23***	10.3÷0.22***	7.93÷0.52^{ns}	62.59±1.1Γ**
Pb- T2	15.85÷0.2***	12.34÷0.14***	18.16÷0.22***	15.38÷0.06***	16.8÷0.5***	69.45±1.Γ**
Pb- T3	21.48÷0.35***	14.2÷0.3Γ**	19.13÷0.2Γ*	21.19÷0.25***	23.66÷0.76***	58.36÷0.95***

Cada valor representa a média ± DP de medições em triplicado e o sobrescrito representa o nível de significância em comparação com a planta de controlo; * significativo a p<0,05, ** significativo a p<0,01, *** significativo a p<0,001, ns- não significativo (de acordo com o teste de comparações múltiplas de Tukey-Kramer)

Fig. 11. Efeito do stress de metais pesados na atividade da peroxidase em duas espécies *de Alternanthera*

Alternanthera sessilis (L.) R.Br.

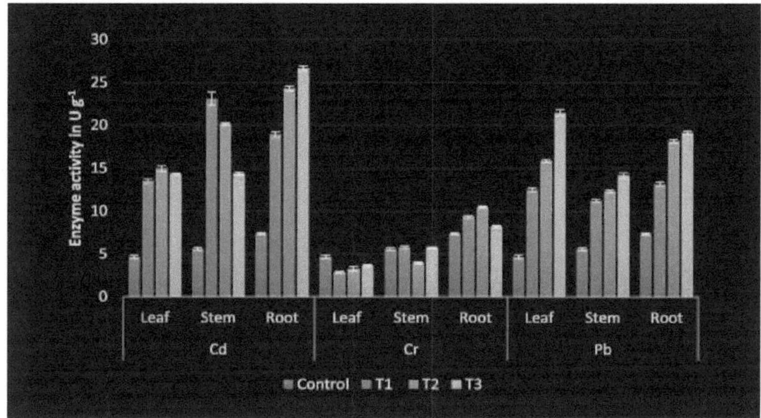

Alternanthera tenella Colla.

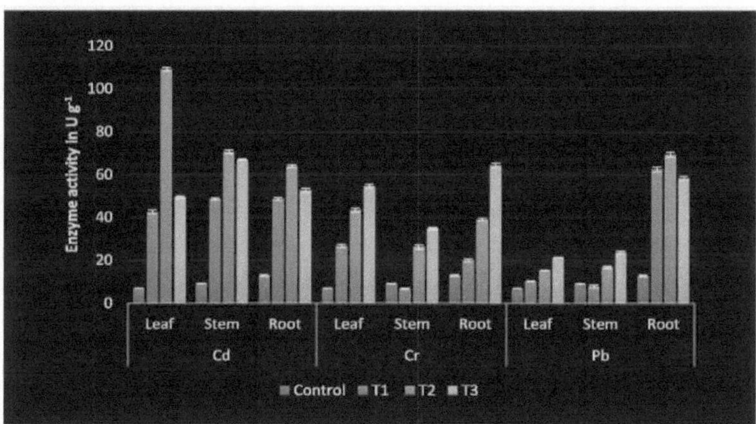

Tl- Tratamento 1, T2- Tratamento 2, T3- Tratamento 3

Quadro 19: Efeito do stress provocado por metais pesados na atividade da polifenol oxidase (Ug^1) em duas espécies de *OiAlternanthera*

	Alternanthera sessilis (L.) R.Br.			*Alternanthera tenella* Colla.		
Tratamentos	Folha	Caule	Raiz	Folha	Caule	Raiz
Controlo	1.10±0.19	0.44±0.07	2.47÷0.15	1.63±0.3	1.42±0.1	2.12±0.19
Cd- Tl	1.83±0.1Γ**	4.27÷0.28***	2.443÷0.11^{ns}	2.84±0.Γ**	3.16÷0.14***	4.81÷0.16***
Cd- T2	1.43÷0.1^{ns}	3.31±0.3***	2.55÷0.12^{ns}	3.23÷0.19***	3.23÷0.19***	5.32±0.3Γ**
Cd- T3	2.35÷0.16***	4.03÷0.0Γ**	3.13±0.Γ*	5.79÷0.25***	4.14÷0.112***	5.97÷0.23***
Cr-Tl	2.32±0.1Γ**	1.16±0.17**	1.94±0.1Γ	2.66÷0.09***	2.55÷0.09***	2.53÷0.1^{ns}
Cr-T2	1.42÷0.16^{ns}	2.26±0.Γ**	2.86÷0.12^{ns}	3.28÷0.32***	2.52÷0.Γ**	2.85±0.Γ**
Cr-T3	0.42±0.1Γ**	2.37÷0.16***	3.25÷0.22***	3.94÷0.10***	4.43÷0.19***	3.13±0.1Γ**
Pb- Tl	2.47÷0.08***	3.14±0.1Γ**	1.95÷0.Γ	1.91÷0.07^{ns}	2.17÷0.27**	3.46÷0.08***
Pb- T2	2.97÷0.16***	4.13±0.1Γ**	2.72÷0.17^{ns}	2.44÷0.09**	3.235÷0.30***	3.96÷0.07***
Pb- T3	3.29÷0.24***	4.1÷0.22***	3.45÷0.2Γ**	3.12±0.1Γ**	5.12±0.1Γ**	4.05÷0.17***

Cada valor representa a média ± DP de medições em triplicado e o sobrescrito representa o nível de significância em comparação com a planta de controlo; * significativo a p<0,05, ** significativo a p<0,01, *** significativo a p<0,001, ns- não significativo (de acordo com o teste de comparações múltiplas de Tukey-Kramer)

Fig. 12. **Efeito do stress provocado por metais pesados na atividade da polifenol oxidase em duas espécies** *de Alternanthera*

Alternanthera sessilis **(L.) R.Br.**

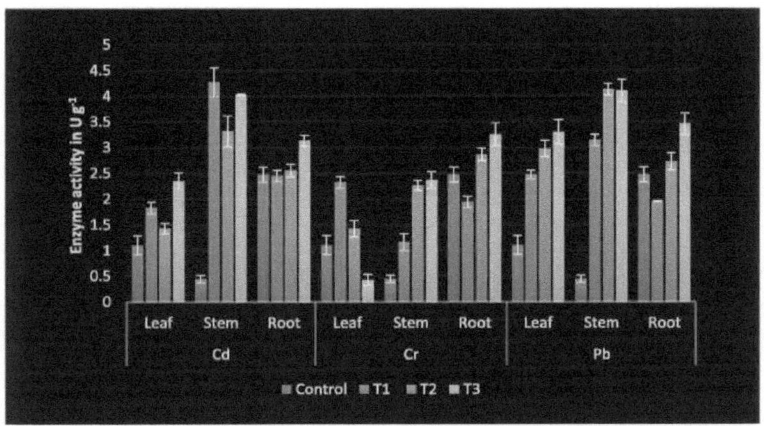

Alternanthera tenella **Colla.**

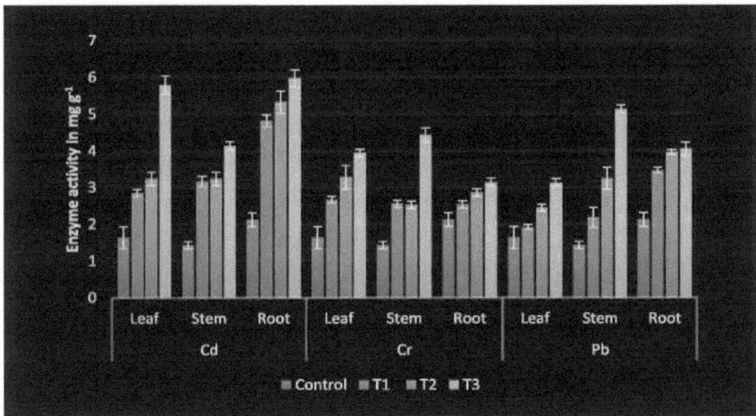

T1- Tratamento 1, T2- Tratamento 2, T3- Tratamento 3

Pensa-se que a polifenol oxidase é ubíqua no reino vegetal e está principalmente associada ao escurecimento enzimático e à produção de sabores estranhos. Quando a planta é sujeita a stress, a PPO é activada como mecanismo de defesa (Queiroz *et al.*, 2011). É uma enzima contendo cobre que catalisa a oxidação de fenóis para as respectivas quinonas. Alterações rápidas na atividade da PPO podem estar envolvidas no desenvolvimento de necrose em torno de superfícies foliares danificadas e em mecanismos de defesa contra o ataque de insectos e fitopatógenos (Thipyapong *et al.*, 2007). A indução da atividade da PPO pode ser devida ao seu

93

papel na síntese de compostos fenólicos, que desempenha um papel importante na desintoxicação de metais pesados nas plantas (Ruiz *et al.*, 1999). No presente estudo, a PPO esteve envolvida no mecanismo de defesa de *Altemanthera* contra a toxicidade de metais pesados.

5.4.5 Ascorbato Perroxidase (APX)

Os tratamentos com metais aumentaram significativamente a atividade da Ascorbato peroxidase em ambas as espécies *de Alternanthera* (Tabela 20). A maior atividade da APX na folha (Fig. 13) foi expressa pelo tratamento com Cr (T3) em *A.tenella* (5,86U g^{-1} protein) e Cr (T2) em *A.sessilis* (5,32 U g^{-1} protein). O Cd (T3) em *A. tenella* induziu a maior atividade APX no caule e na raiz, que é de 6,37 U g^{-1} e 8,45 U g^{-1} respetivamente. Dos três metais pesados, o Pb foi o menos eficaz no aumento das actividades da APX. A APX, uma enzima ubíqua e um potente eliminador de H O$_{22}$, mantém o seu nível, uma vez que a exportação descontrolada desta espécie tóxica dos organelos para o citosol pode ter um efeito adverso devido à formação de radicais hidroxilo através de reacções catalisadas por metais (Asada, 1992). Em *Helianthus annuus,* a atividade da APX, um componente primário na via Asc-Glu, desempenhou um papel importante na eliminação de H O$_{22}$, com o aumento da dose e da duração do tratamento, mostrando a eficiência do sistema de eliminação de H O$_{22}$ na planta (Bayram *et al.*, 2015). A regulação positiva da APX sob stress oxidativo induzido por Cr e Zn confirmou o seu papel na desintoxicação constante de H O$_{22}$. No presente estudo, a APX foi mais eficaz na destruição de H O$_{22}$ do que a catalase sob stress por Cr. A APX em toda a célula tem afinidade com o substrato na presença de ácido ascórbico como redutor.

5.4.6 Glutatião Redutase (GR)

A atividade da GR foi elevada em ambas as espécies *de Alternanthera* expostas a diferentes tratamentos com metais (Fig. 14). A atividade GR aumentou significativamente de forma dependente da dose. A atividade GR mais elevada foi exibida nas raízes T3 tratadas com Cr (9,01 U g^{-1} protein) em *A. sessilis* e nas folhas T3 tratadas com Cr de *A. tenella* (9,54 U g^{-1} protein), como se mostra no Quadro 21. O aumento observado nas actividades de GR é substanciado por relatórios anteriores de regulação positiva de GR durante o stress oxidativo (Diwan *et al.*, 2010; Cherif *et al.*, 2011). Aumento

Quadro 20: Efeito do stress provocado por metais pesados na ascorbato peroxidase (Ug[1]) em duas espécies de *OiAlternanthera*

Tratamentos	*Alternanthera sessilis* (L.) R.Br.			*Alternanthera tenella* Colla.		
	Folha	Caule	Raiz	Folha	Caule	Raiz
Controlo	3.43÷0.13	3.72÷0.17	3.4÷0.07	2.12±0.2	3.15÷0.11	4.44÷0.15
Cd- Tl	3.84÷0.17**	4.01÷0.19ns	3.75±0.Γ	3.14÷0.04***	4.12÷0.06***	6.74±0.Γ**
Cd- T2	4.35÷0.13***	4.19±0.17*	4.12±0.1Γ**	4.26÷0.24***	5.24÷0.19***	7.26÷0.09***
Cd- T3	1.06÷0.15***	1.51±0.18***	2.47÷0.12***	5.84÷0.12***	6.37÷0.16***	8.45÷0.09***
Cr-Tl	4.52÷0.092***	4.22÷0.Π**	5.43÷0.1Γ**	4.77÷0.07***	4.86±0.Γ**	4.95÷0.12**
Cr-T2	5.32÷0.095***	4.54÷0.0Γ**	5.47÷0.10***	4.85÷0.09***	5.59÷0.23***	5.34÷0.05***
Cr-T3	1.03÷0.095	1.54÷0.09***	2.47÷0.08***	5.86÷0.08***	5.94±0.1Γ**	5.8÷0.16***
Pb- Tl	3.47÷0.07ns	4 23±o.Γ*	5.26÷0.08***	2.86±0.Γ**	3.91÷0.15***	5.02÷0.19**
Pb- T2	4.34÷0.08***	4.04÷0.06ns	5.59÷0.32***	3 34±0.Γ**	4.22÷0.2Γ**	5.25÷0.19**
Pb- T3	1.04÷0.08***	1.56±0.Γ**	2.48÷0.05***	3.84±0.Γ**	4.34±0.1Γ**	5.93÷0.16**

Cada valor representa a média ± DP de medições em triplicado e o sobrescrito representa o nível de significância em comparação com a planta de controlo; * significativo a p<0,05, ** significativo a p<0,01, *** significativo a p<0,001, ns- não significativo (de acordo com o teste de comparações múltiplas de Tukey-Kramer)

Fig. 13. Efeito do stress provocado por metais pesados na atividade da ascorbato peroxidase em duas espécies de *Alternanthera*

Alternanthera sessilis (L.) R.Br.

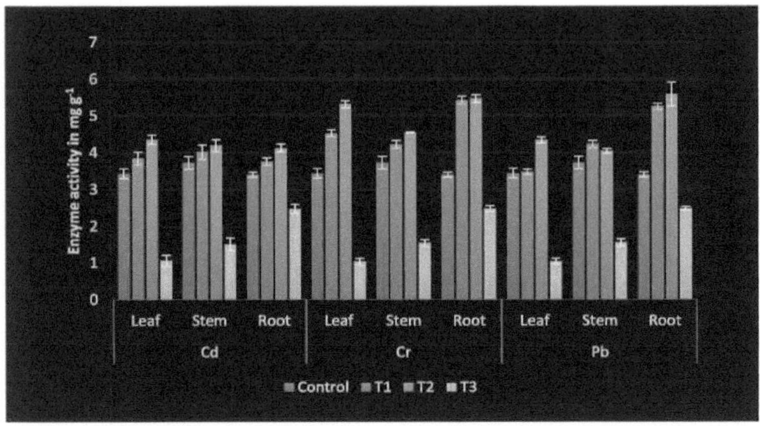

Alternanthera tenella Colla.

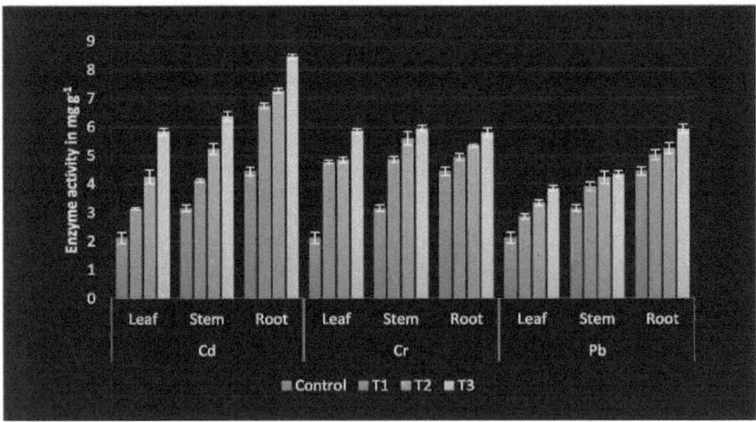

T1- Tratamento 1, T2- Tratamento 2, T3- Tratamento 3

Quadro 21: Efeito do stress provocado por metais pesados na atividade da glutationa redutase (Ug^1) em duas espécies de *OiAlternanthera*

	Alternanthera sessilis (L.) R.Br.			*Alternanthera tenella* Colla.		
Tratamentos	Folha	Caule	Raiz	Folha	Caule	Raiz
Controlo	2.17±0.14	3.45±0.09	4.75±0.11	2.46±0.11	2.79±0.66	3.655±0.11
Cd- Tl	3.24±0.2Γ***	4.85±0.12***	5.05±0.12^{ns}	5.76±0.12***	5.99±0.12***	6.22 ±0.12***
Cd- T2	4.56±0.Γ***	5.34±0.12***	7.36±0.16***	6.26±0.1Γ**	7.53±0.09***	7.13±0.1Γ**
Cd- T3	5.86±0.12***	5.97±0.07***	8.51±0.18***	7 34±0.Γ**	8.45±0.13***	9.14±0.1Γ**
Cr-Tl	4.63±0.13***	4.44±0.12***	5.65±0.1Γ**	6.65±0.09***	4.35±0.18***	4.24±0.12***
Cr-T2	6.36±0.16**	6.45±0.Γ**	7.34±0.1Γ**	7.86±0.10***	5.64±0.097***	4.85±0.09***
Cr-T3	7.84±0.Γ**	6.85±0.15**	9.01±0.2Γ**	9 54±0.Γ**	6.64±0.1Γ**	5.7±0.Γ**
Pb- Tl	4.65±0.1Γ**	5.85±0.Γ**	4.56±0.13^{ns}	4.35±0.18***	4.56±0.08***	3.53±0.11^{ns}
Pb- T2	7.23±0.09***	5.58±0.05***	5.65±0.Γ**	5.44±0.13***	5.24±0.Γ**	4.33±0.Γ**
Pb- T3	8.57±0.Γ**	6.5±0.26***	7.56±0.07***	4.78±0.22***	5.43±0.Γ**	4.63±0.Γ**

Cada valor representa a média ± DP de medições em triplicado e o sobrescrito representa o nível de significância em comparação com a planta de controlo; * significativo a p<0,05, ** significativo a p<0,01, *** significativo a p<0,001, ns- não significativo (de acordo com o teste de comparações múltiplas de Tukey-Kramer)

Alternanthera sessilis (L.) R.Br.

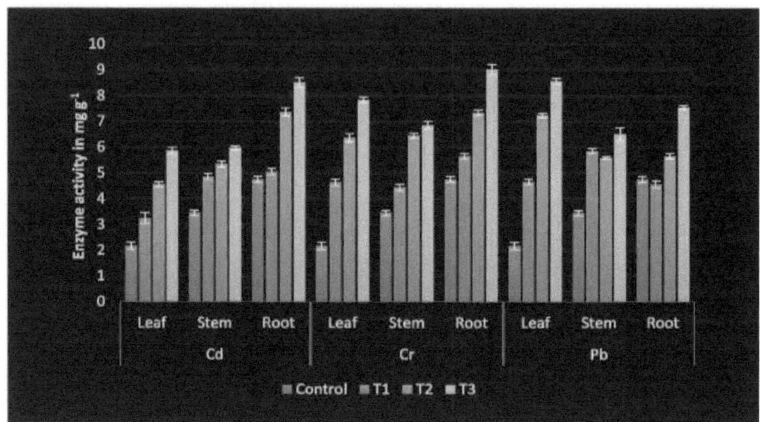

Alternanthera tenella Colla.

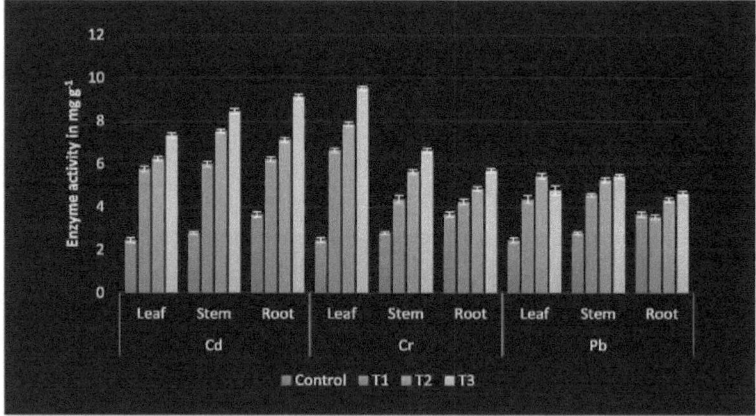

T1- Tratamento 1, T2- Tratamento 2, T3- Tratamento 3

na atividade de GR também foi relatada com tratamentos de Cd e Zn em girassol (Laspina *et al.*, 2005; Nehnevajova *et al.*, 2012). Foram observados níveis aumentados de GR por exposição combinada a metais em plantas como a *Sesbania drummondU*, em que níveis aumentados de GR melhoraram a tolerância e a acumulação de Pb, Cu, Zn e Ni (Israr *et al.*, 2011).

A ativação do ciclo Asc-Glu é uma necessidade das plantas stressadas para combater o stress oxidativo. Foyer *et al.* (2008) referiram que a GR é uma das enzimas-chave que ajuda na redução de GSSG para GSH através da oxidação de NADPH para NADP e sugeriram o seu papel crucial no combate ao stress oxidativo nos tecidos vegetais. O aumento da atividade da GR, após a exposição a metais pesados, deve-se a um maior consumo celular de GSH reduzida resultante de, pelo menos, dois mecanismos putativos: (i) um aumento da taxa do ciclo do ascorbato de glutatião para desintoxicar as ROS; (ii) uma incorporação de GSH nos compostos tiólicos não identificados (Dazy *et al.*, 2008). A atividade do GR sugere que o rácio GSH ou GSSG é mantido elevado em condições normais. Sob stress oxidativo, é necessário um aumento da atividade da GR para fornecer GSH ao ciclo ascorbato-glutatião (Asc-Glu) (Qureshi *et al.*, 2005).

5.4.7 Monodehidroascorbato redutase e desidroascorbato redutase

A atividade da MDHAR aumentou com o aumento da concentração de metal pesado (Tabela 22), e as folhas de *Alternanthera sessilis* (T3) tratadas com Cd apresentaram a atividade máxima (9,86±0,07 UAg proteína^{-1}) em comparação com o controlo (1,25±0,09 UAg proteína^{-1}). As plantas de controlo mostraram uma atividade enzimática mínima em todas as três biopartes. Uma tendência semelhante foi mostrada também por *A. tenella* (Fig. 15), e as folhas tratadas com Crmetalt T3 (100mg) mostraram a atividade máxima (9,95÷0,041 UAg proteína^{-1}) em comparação com o controlo (1,57÷0,16 UAg proteína^{-1}). A atividade da DHAR aumentou com concentrações mais elevadas de metal pesado (Fig. 16). Foi mais elevada (Quadro 23) nas folhas *de Alternanthera* T3 tratadas com Cr (15,61÷0,16 UA g proteína^{-1} e 16,61 ±0,15UA g proteína) em comparação com o controlo (5,75±0,1 UA g proteína^{-1} e 6,12 ±0,02 UAg proteína respetivamente para *A. sessilis* e *A. tenella*. A forma reduzida do ácido ascórbico é necessária para a eliminação de ROS e para a DHAR e MDAHR, o que ajuda a manter o seu pool celular utilizando NADPH como poder redutor. Os resultados do presente estudo indicaram que o tratamento de plantas *de Alternanthera* com metais pesados induziu eficazmente a atividade destas enzimas.

5.5 Acumulação de metais pesados em *Alternanthera*

O presente estudo investigou o potencial das plantas infestantes *Alternanthera sessilis* e *Alternanthera tenella* (Amaranthaceae) para a fitorremediação, avaliando a sua capacidade de fitoacumulação de metais pesados. A presente investigação teve como objetivo explorar a possível relação entre metais pesados no solo e a sua acumulação em biopartes de *Alternanthera sessilis* e *Alternanthera tenella*.

Quadro 22: Efeito do stress provocado por metais pesados na atividade da monodehidroascorbato redutase (Ug^1) em duas espécies de Oi*Alternanthera*

	Alternanthera sessilis (L.) R.Br.			*Alternanthera tenella* Colla.		
Tratamentos	**Folha**	**Caule**	**Raiz**	**Folha**	**Caule**	**Raiz**
Controlo	1.25÷0.09	1.45÷0.09	1.85÷0.09	1.57÷0.16	1.76±0.14	1.34±0.19
Cd-Tl	4.55÷0.13***	3.66÷0.2***	4.13÷0.12***	4.34÷0.19***	3.44÷0.2***	4.73÷0.12***
Cd- T2	6.84÷0.09***	5.88÷0.06***	5.72÷0.16***	7.85±0.1Γ**	4.55÷0.09***	6.34÷0.20***
Cd- T3	9.86÷0.07***	9.54±0.1Γ**	6.82÷0.26***	8.22÷0.2Γ**	5.74÷0.1Γ**	7.65÷0.14***
Cr-Tl	3.58÷0.07***	3.44÷0.19***	4.24÷0.2***	4.64±0.1Γ**	4.75÷0.1Γ**	4.83÷0.18***
Cr-T2	4.75±0.Γ**	4.74±0.1Γ**	5.25÷0.15***	7.55÷0.102***	5.75÷0.1Γ**	6.14±0.1Γ**
Cr-T3	8.48÷0.24***	6.75±0.1Γ**	7.42÷0.2Γ**	9.95÷0.41***	7.54÷0.1Γ**	6.88÷0.05***
Pb-Tl	2.35÷0.09***	2.43÷0.1Γ**	2.8÷0.16***	4.56÷0.07***	3.44÷0.2***	2.42÷0.42***
Pb- T2	3.24÷0.23***	3.65÷0.13***	3.83÷0.16***	6.89÷0.04***	3.54÷0.1Γ**	3.34÷0.19***
Pb- T3	4.33÷0.13***	4.84÷0.15***	5.13÷0.12***	6.23±0.1Γ**	4.55÷0.09***	4.74÷0.09***

Cada valor representa a média ± DP de medições em triplicado e os sobrescritos representam o nível de significância em comparação com a planta de controlo; * significativo a p<0,05, ** significativo a p<0,01, *** significativo a p<0,001, ns- não significativo (de acordo com o teste de comparações múltiplas de Tukey-Kramer)

Fig. 15. Efeito do stress provocado por metais pesados na atividade da monodehidroascorbato redutase em
duas espécies de *Alternanthera*

Alternanthera sessilis (L.) R.Br.

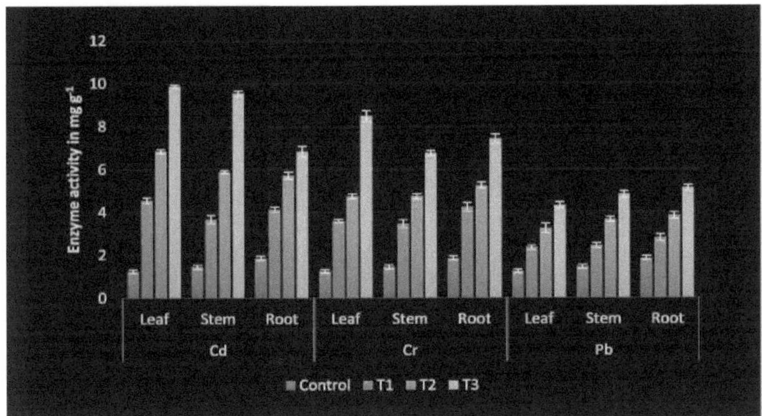

Alternanthera tenella Colla.

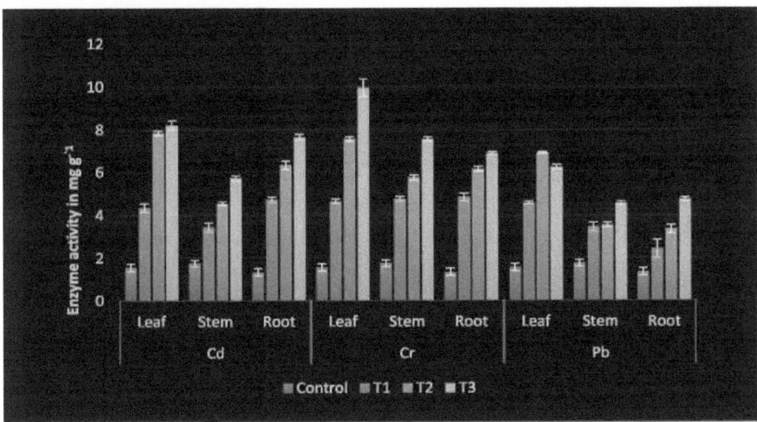

T1- Tratamento 1, T2- Tratamento 2, T3- Tratamento 3

Quadro 23: Efeito do stress provocado por metais pesados na atividade da desidroascorbato redutase (Ug[1]) em duas espécies de _OiAlternanthera_

Tratamentos	*Alternanthera sessilis* (L.) R.Br.			*Alternanthera tenella* Colla.		
	Folha	Caule	Raiz	Folha	Caule	Raiz
Controlo	5.75±0.1	3.43±0.22	2.43÷0.08	6.12±0.2	3.86±0.11	2.77÷0.18
Cd- Tl	8.93÷0.05***	3.07÷0.24[ns]	2.63÷0.11[ns]	7.15÷0.19***	4.26÷0.14***	2.53÷0.24[ns]
Cd- T2	9 54±0.Γ**	4.22±0.2**	3.61÷0.22***	8.33÷0.08***	4.75÷0.22***	3.45÷0.3*
Cd- T3	14.42÷0.13***	4.09÷0.24*	4.83÷0.1Γ**	8.9±0.Γ**	5.46÷0.16***	4.49÷0.18***
Cr-Tl	7.83÷0.1Γ**	4.37÷0.18***	3.04±0.1Γ*	7.97±0.Γ**	3.55÷0.19***	3.08±0.41[ns]
Cr-T2	9.25÷0.19***	4.88÷0.05***	3.92÷0.03***	7.97÷0.12***	2.74÷0.12***	3.33±0.1Γ**
Cr-T3	15.61÷0.16***	5.62±0.1Γ**	5.82÷0.09***	9.11÷0.3***	3.88±0.Γ**	3.85÷0.12***
Pb- Tl	6.68±0.3Γ*	3.65÷0.14[ns]	2.74÷0.12[ns]	16.61÷0.15***	4.26÷0.25***	3.37÷0.15[ns]
Pb- T2	8.88÷0.52***	3.53÷0.20[ns]	3 44±O.24***	7.33÷0.19***	4.33÷0.2***	3.71±0.17**
Pb- T3	10.3÷0.25***	5.48÷0.24***	2.77÷0.15[ns]	8.35÷0.15***	6.33÷0.19***	4.54±0.2Γ**

Cada valor representa a média ± DP de medições em triplicado e os sobrescritos representam o nível de significância em comparação com a planta de controlo; * significativo a p<0,05, ** significativo a p<0,01, *** significativo a p<0,001, ns- não significativo (de acordo com o teste de comparações múltiplas de Tukey-Kramer)

Alternanthera sessilis (L.) R.Br.

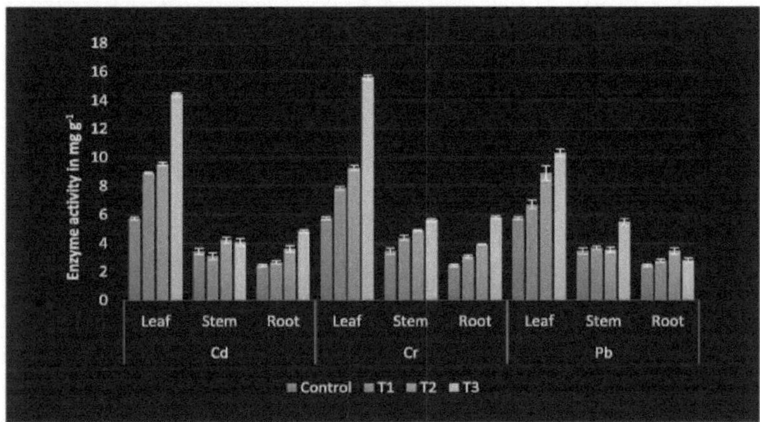

Alternanthera tenella Colla.

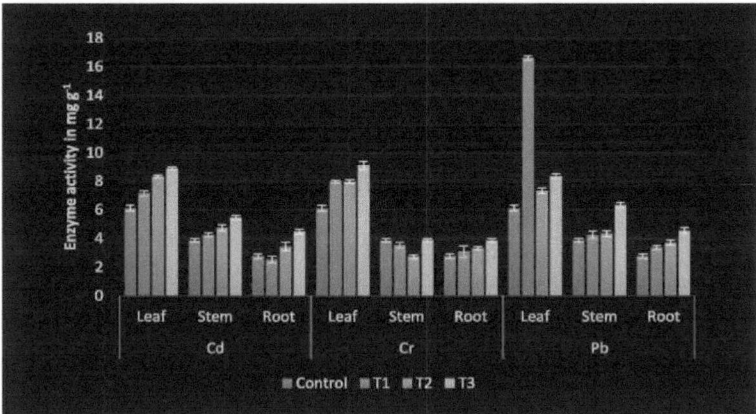

T1- Tratamento 1, T2- Tratamento 2, T3- Tratamento 3

5.5.1 Cádmio

A fitoacumulação de cádmio nas raízes foi maior do que nas folhas e no caule (Fig. 17). O transporte de metais pesados da raiz para o rebento foi estudado em várias espécies, incluindo *os cereais de escama* (Jarvis *et al.,* 1976), *Phaseolus vulgaris* (Hardiman e Jacoby, 1984) e Zea mays (Yang *et al.*, 1995). É provável que o movimento de Cd das raízes para os rebentos ocorra através do xilema e seja impulsionado pela transpiração das folhas. A prova disso foi fornecida por Salt *et al.* (1995), que mostraram que o fecho dos estomas induzido por ABA reduziu abruptamente a acumulação de Cd nos rebentos de mostarda da Índia. Jarvis *etal.,* (1976) e Guo *etal.,* (1995) mediram diferenças significativas entre espécies na proporção de Cd nos rebentos. Do mesmo modo, foi registada uma grande variação na distribuição de Cd entre a raiz e o rebento em 19 linhas consanguíneas de milho (Florijin e Van Beusichem, 1993)

5.5.2 Crómio

A concentração de crómio foi elevada nas raízes, seguida do caule e das folhas (Fig. 17). Verificou-se uma diminuição gradual da acumulação nas folhas à medida que a concentração do tratamento aumentou, enquanto o caule e a raiz registaram um aumento. O fator de bioconcentração foi superior à unidade em todas as biopartes. O impacto potencial do elevado nível de crómio no ambiente é a toxicidade aguda para as plantas e os animais. Quantidades elevadas de crómio acumuladas nos tecidos das plantas resultaram numa inibição significativa da clorofila, do teor de proteínas e da atividade *in vitro* da redutase do nitrato (Vajpayee *et al.,* 1999). Vincent *et al.* (2001) consideraram que a absorção do metal dependia do pH do solo, do estado de drenagem, da presença de matéria orgânica, de lamas de depuração, da atividade microbiana, das espécies vegetais e da forma química do solo.

5.5.3 Chumbo

A acumulação de chumbo foi elevada nas raízes, seguida do caule e das folhas (Figura 17). A planta não apresentou qualquer alteração morfológica ou funcional mesmo numa concentração de 150 mg Kg^{-1} indicando a sua utilidade como acumulador de chumbo.

A capacidade do solo para absorver chumbo aumentou com o aumento do pH, do teor de carbono orgânico e do potencial redox. O chumbo não entra em solução nem no ciclo biológico, uma vez que é inactivado a um pH elevado e permanece imóvel no solo. O intervalo normal da concentração de chumbo nas plantas é de 0,1 a 10 $\mu g\ g^{-1}$ (Leeper, 1978). Relatórios anteriores mostraram que o chumbo é acumulado por *Alternanthera sessilis* (Moodley *et al.,* 2007). O valor registado neste estudo estava muito acima do intervalo normal.

Fig. 17. Acumulação de metais pesados em duas espécies de *OiAlternanthera*

Alternanthera sessilis (L.) R.Br.

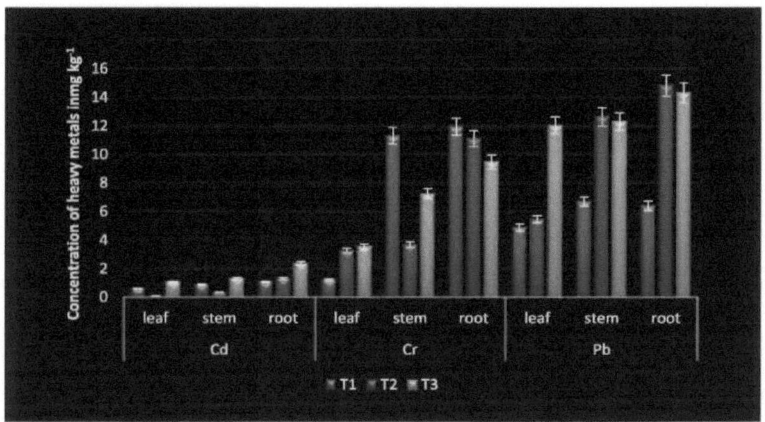

Alternanthera tenella Colla.

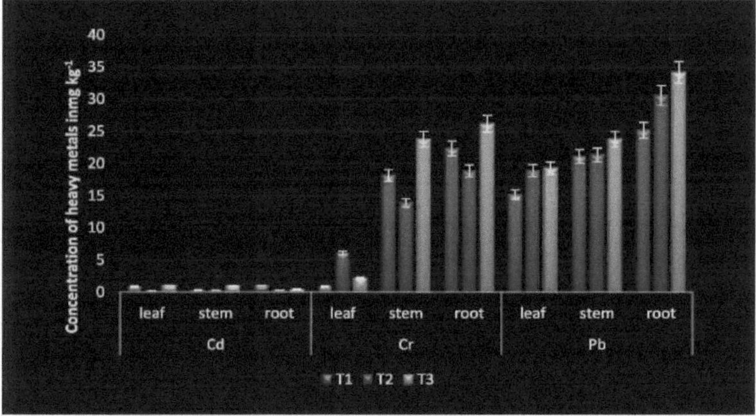

Tl- Tratamento 1, T2- Tratamento 2, T3- Tratamento 3

5.5.4 Fator de bioconcentração e fator de translocação

O padrão de bioacumulação de metais pesados nas plantas também pode ser interpretado em termos de Fator de Bio Concentração (BCF) e Fator de Translocação (TF). O fator de translocação (TF) é a razão entre a concentração de metal no rebento e na raiz. Em ambas as espécies de *Altemanthera*, o fator de translocação é superior à unidade em todos os tratamentos com chumbo e na maioria dos tratamentos com Cd e Cr. O fator de translocação superior a um em *Alternanthera* indica uma translocação eficaz de metais pesados em partes da área (Quadro

24 e 25). O fator de bioconcentração também sugere que duas espécies *de Alternanthera* podem absorver eficazmente os metais pesados do solo. Quanto maior for o coeficiente, maior será a absorção do contaminante. De acordo com Kabata Pendias e Pendias, (1991), Angelova, *et al.* (2006) e Meers *et al.* (2007), a concentração de metais pesados em diferentes partes de plantas reflecte diferenças genéticas entre as espécies no que diz respeito ao transporte e acumulação de metais pesados. A acumulação de cádmio em todas as partes da planta, incluindo as sementes, foi registada em *Oryza satira* (Tanaka *et al.*, 2007), enquanto a translocação de chumbo é muito lenta em *Bacopa monnieri* (Sinha, 1999) e *no* fruto de *Momordica charantia* (Danniel *et al.*, 2009).

Quadro 24: Fator de bioconcentração e fator de translocação *em A.sessilis* sob stress de metais pesados

Tratamento (mgKg)$^{-1}$		TF	BCF		
			Folha	Caule	Raiz
Cd	T1	1.382	0.031	0.0026	0.0215
	T2	0.327	0.043	0.0115	0.0258
	T3	1	0.0538	0.0431	0.0474
Cr	T1	1.049	0.0243	0.0434	0.355
	T2	0.624	0.2264	0.0491	0.0722
	T3	1.138	0.239	0.148	0.0946
Pb	T1	1.808	0.0974	0.0727	0.1203
	T2	1.221	0.134	0.1265	0.0821
	T3	1.702	0.128	0.1483	0.0954

Os hiperacumuladores são plantas que acumulam mais de 1000µg/grama de peso seco nos seus rebentos no habitat natural (Brooks *et al.*, 1977). Os hiperacumuladores de metais foram identificados em pelo menos 45 famílias de plantas (Clemens *et al.*, 2002; Smits, 2005) e alguns acumulam quantidades muito elevadas. *Potamogeton pectinatus* e *Lonicera japonica* (Liu *et al.*, 2009) são hiperacumuladores de cádmio (Zayed *et al.*, 1998; Rai *et al.*, 2003; Liu *et al.*, 2009) *Chromoleana dorata* é um acumulador de mercúrio (Velasco Alinsug *et al.*, 2005). *A Brassicajuncea* acumula crómio (Moodley *et al.*, 2007) e cádmio (Szollosi *et al.*, 2009). De acordo com Yoon *et al.* (2006) e Zhelyjazkove *et al.* (2008), se os valores do Fator de Bioacumulação (BCF) e do Fator de Translocação (TF) forem superiores à unidade, a planta é adequada para fitoremediação. Todas as espécies de plantas hiperacumuladoras são conhecidas por terem valores de BCF e TF superiores à unidade (Brown *et al.*, 1995). Ambas as espécies de *Altemanthera* apresentaram valores de TF acima da unidade na maioria dos tratamentos, pelo que podem ser propostas como espécies vegetais adequadas para a fitorremediação de metais pesados como o Cd, o Cr e o Pb.

Tabela 25: Fator de bioconcentração e fator de translocação *em A.tenella* sob stress de metais pesados

Tratamento (mgKg)⁻¹		TF	BCF		
			Folha	Caule	Raiz
Cd	T1	1.185	0.0425	0.0153	0.0481
	T2	1.707	0.0065	0.0101	0.0315
	T3	1.08	0.0195	0.0058	0.0942
Cr	T1	0.853	0.0173	0.3634	0.4464
	T2	1.054	0.081	0.184	0.2513
	T3	0.992	0.0218	0.2377	0.1931
Pb	T1	1.442	0.3034	0.423	0.5034
	T2	1.317	0.1892	0.2136	0.3058
	T3	1.262	0.128	0.1583	0.2275

5.5.5 Acumulação de metais pesados em *Alternanthera* de solo poluído (composto de resíduos sólidos urbanos)

O composto de resíduos sólidos urbanos de três locais poluídos de Kerala - Plachimada Chavara e Vilapilsala, juntamente com solo de jardim como controlo, foi analisado quanto à sua concentração de metais pesados antes e depois da plantação de espécies infestantes de *Alternanthera*. As quatro amostras de solo utilizadas para o estudo foram analisadas quanto à acumulação de metais pesados (Quadro 19). Os materiais compostados de Plachimada e Chavara tinham concentrações significativamente mais elevadas de Cd (3,4 e 4,6 mg kg^{-1}), Cr (12 e 15mg kg^{-1}) e Pb (14 e 21mg kg $^{-1}$). No entanto, o solo do jardim que serviu de controlo tinha a concentração mais baixa de metais pesados. Cd, Cr e Pb foram detectados em todas as amostras USWC analisadas no início do estudo, incluindo o solo do jardim como amostras de controlo.

O solo residual de ambas as espécies foi analisado para descrever a acumulação de metais pesados (Quadro 26, 27 28 e Fig. 19). Não se registaram diferenças significativas na absorção de Cd, Cr e Pb entre as duas espécies de plantas. No entanto, comparativamente, a maior acumulação foi mostrada por *A. tenella*. A absorção destes metais foi maior nas raízes do que nos rebentos das espécies vegetais. Estudos pós-plantação para metais pesados no solo mostraram uma redução significativa na concentração de metais pesados.

Fig. 18. Acumulação de metais pesados em duas espécies *OiAlternanthera* de solo poluído (composto de resíduos sólidos urbanos)

Alternanthera sessilis (L.) R.Br.

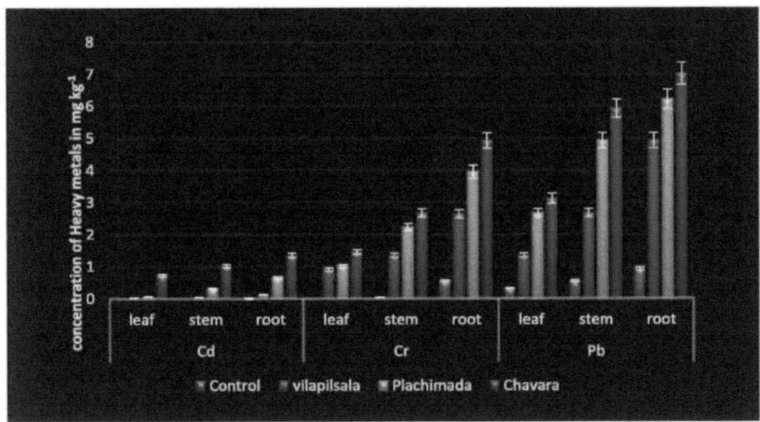

Alternanthera tenella Colla.

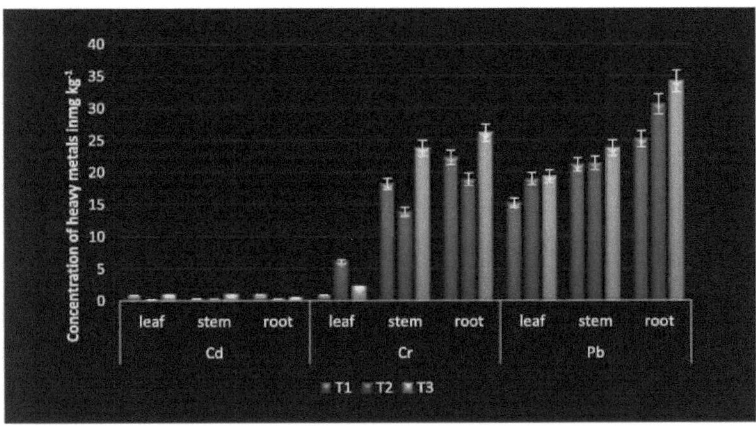

Tl- Tratamento 1, T2- Tratamento 2, T3- Tratamento 3

A presença de metais pesados nestas amostras de USWC colhidas em diferentes lixeiras sugere que estes locais são potencialmente inadequados para a agricultura urbana e representam um risco potente para a saúde humana e o gado. Ogunyemi *et al.* (2003) registaram a acumulação de Pb e Cd nos rebentos e raízes de *Amaranthus cruentus* cultivados em solos de aterros sanitários. Estas plantas tinham concentrações mais elevadas do que os limites admissíveis da FAO/OMS para consumo alimentar. Esses locais devem ser limpos desses poluentes tóxicos antes de serem usados para a agricultura. As duas espécies de plantas parecem ter um metabolismo útil para a fitoacumulação de poluentes metálicos. *A. tenella* foi mais eficiente na acumulação de metais pesados do que *A. sessilis*, especialmente chumbo no rebento. Resultados semelhantes foram registados por Arthur *et al.* (2005), que opinaram que a acumulação de metais nos rebentos era mais desejável do que nas raízes.

Tabela 26: Concentração de metais pesados nas amostras de solo antes da experiência

AMOSTRA DE SOLO	METAIS PESADOS (mg/kg)		
	Cd	Cr	Pb
Controlo (solo de jardim)	0.21	2.02	6.3
Vilapilsala (S1)	2.9	6.9	10.3
Plachimada (S2)	3.4	12	14
Chavara(S3)	4.6	15	21

Tabela 27: Concentração de metais pesados no solo após o cultivo de A. *sessilis*

AMOSTRA DE SOLO	METAIS PESADOS (mg/kg)		
	Cd	Cr	Pb
Controlo (solo de jardim)	0.04	0.94	2.43
Vilapilsala (S1)	1.21	4.9	5.3
Plachimada (S2)	1.53	8.23	7.34
Chavara(S3)	2.12	9.34	12.9

Tabela 28: Concentração de metais pesados no solo após o cultivo de A. *tenella*

LOCAL DE DESPEJO	METAIS PESADOS (mg/kg)		
	Cd	Cr	Pb
Controlo (solo de jardim)	0.03	0.83	2.11
Vilapilsala (S1)	1.02	4.12	4.45
Plachimada (S2)	1.42	7.45	6.91
Chavara(S3)	2.03	8.45	11.01

Fig. 19. Quantidade de metais pesados no solo poluído - antes e depois do cultivo de duas espécies de *Alternanthera*

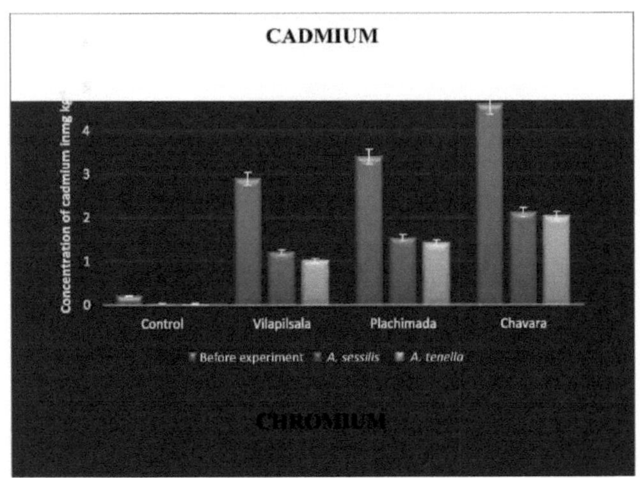

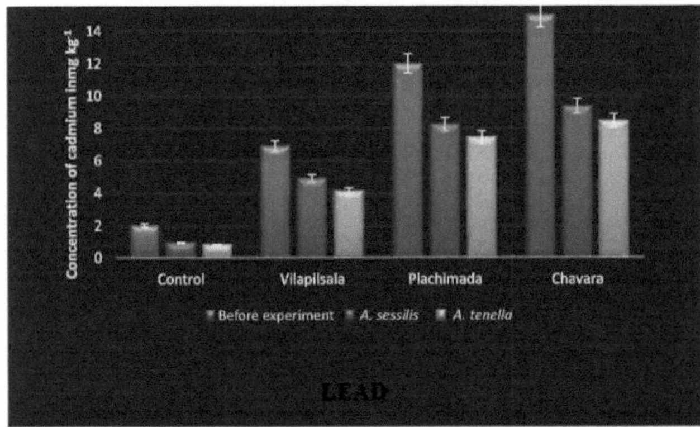

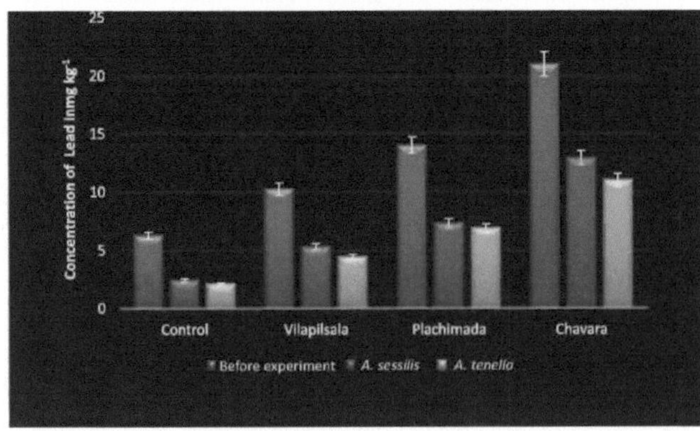

5.6 Perfil proteico

A expressão de diferentes polipéptidos relacionados com o stress sob stress de metais pesados foi detectada por SDS PAGE em duas espécies de *Alternanthera*. Os perfis proteicos foram analisados em diferentes níveis de tratamento com metais pesados em ambas as espécies. As proteínas separadas das duas espécies de *Alternanthera* foram carregadas em gel SDS a 12% para estudar a variação no perfil proteico induzida pelo stress.

Alternantherasessilis e *Alternanthera tenella* expressaram vários novos polipéptidos sob stress de metais pesados. Verificou-se também que várias bandas foram induzidas em *Alternanthera sessilis*. Em A. *sessilis,* cinco novas bandas no tratamento com Cd Tl (peso molecular - 104,138, 83,015, 58,918 ,43,012, 37,94 KDa), 8 novas bandas no tratamento com Cd T2 (peso molecular - 106,271, 81,622, 72,859, 58.918, 50.485, 43.012, 23.365, 21.255 KDa) e 9 novas bandas no tratamento Cd T3 (peso molecular- 210.858, 106.271, 63.037, 44.105, 41.25, 37, 22.436, 21.255, 20 KDa) foram observadas (Tabela 29). Quatro polipéptidos presentes no controlo não foram detectados no tratamento com Cd. As bandas com valor Rf 0,411 e 0,584 foram induzidas devido ao tratamento com Cd nos tratamentos T1 e T2, mas desapareceram no tratamento com Cd de alta concentração (T3).

Oito novas bandas no tratamento Cr T1 (peso molecular- 127.542, 106.271, 72.159, 63.037, 59.489, 42.653, 23.524 KDa), 8 novas bandas no CrT2 (peso molecular- 130.155, 06.271, 72.159, 60.649, 52.473, 26.688, 23.052, 21.691, 15.29 KDa), 5 novas bandas de peso molecular - 104.138, 83.015, 58.918, 43.012, 37.94 KDa foram detectadas no tratamento Cr (T3). Duas bandas com pesos moleculares 108,447 KDa e 68,098 KDa observadas no controlo desapareceram devido ao tratamento com Cr em *A. sesslis* (Tabela 30). Bandas com valor Rf 0,188 e 0,307 foram induzidas devido ao tratamento com Cr foram observadas nos tratamentos T1 e T2, mas desapareceram no tratamento com alta concentração de Cr (T3).

Em *A. sessilis* tratada com chumbo também foram sintetizados muitos polipéptidos novos e alguns foram dissociados mais tarde (Tabela 31). O tratamento com Pb induziu nove novas bandas (peso molecular- 117,608, 60,066, 51,969, 44,195, 40,228, 23,844,22,896, 22,285, 18,523 KDa) no tratamento (T1), 9 novas bandas (peso molecular- 190,38, 106,271, 73.566, 55.068, 50.975, 42.653, 33.913, 22.896, 20.969 KDa) no tratamento (T2) e 8 novas bandas (peso molecular- 203.798, 104.138, 72.859, 55.068, 50.485, 43.737, 40.228, 22.742 KDa) no tratamento (T3). A análise do perfil proteico por SDS PAGE mostrou várias bandas novas com diferenças no peso molecular e no número com metais individuais, provavelmente devido a diferenças na sua propriedade de ligação a metais ou a diferenças no potencial de tolerância de *Alternanthera sessilis* a cada metal.

Tabela 29: Valor Rf e peso molecular das bandas proteicas obtidas em *Alternanthera sessilis* tratada com Cd

Controlo			Cd Tl			Cd T2			Cd T3		
Número da banda	Frente relativa	Mol. Peso (KDa)	Número da banda	Frente relativa	Mol. Peso (KDa)	Número da banda	Frente relativa	Mol. Peso (KDa)	Número da banda	Frente relativa	Mol. Peso (KDa)
1	0.059	203.798	1	0.059	203.798	1	0.059	203.798	1	0.054	210.858
2	0.183	108.447	2	0.193	104.138	2	0.188	106.271	2	0.188	106.271
3	0.252	84.432	3	0.257	83.015	3	0.262	81.622	3	0.252	84.432
4	0.337	68.098	4	0.411	58.918	4	0.302	72.859	4	0.376	63.037
5	0.48	51.469	5	0.48	51.469	5	0.411	58.918	5	0.485	50.975
6	0.579	43.373	6	0.584	43.012	6	0.49	50.485	6	0.569	44.105
7	0.678	36.203	7	0.658	37.94	7	0.584	43.012	7	0.609	41.25
8	0.876	21.399	8	0.876	21.399	8	0.678	36.203	8	0.673	37
9	1	15	9	1	15	9	0.812	23.365	9	0.842	22.436
						10	0.881	21.255	10	0.881	21.255
						11	1	15	11	0.926	20
									12	1	15

Tabela 30: Valor Rf e peso molecular das bandas proteicas obtidas em *Alternanthera sessilis* tratada com Cr

Controlo			CrTl			Cr T2			Cr T3		
Número da banda	Frente relativa	Mol. Peso (KDa)	Número da banda	Frente relativa	Mol. Peso molecular (KDa)		Frente relativa	Mol. Peso molecular (KDa)		Frente relativa	Mol. Peso molecular (KDa)
1	0.059	203.798	1	0.059	203.798	1	0.059	203.798	1	0.059	203.798
2	0.183	108.447	2	0.144	127.542	2	0.139	130.155	2	0.193	104.138
3	0.252	84.432	3	0.188	106.271	3	0.188	106.271	3	0.257	83.015
4	0.337	68.098	4	0.252	84.432	4	0.307	72.159	4	0.411	58.918
5	0.48	51.469	5	0.307	72.159	5	0.396	60.649	5	0.48	51.469
6	0.579	43.373	6	0.376	63.037	6	0.47	52.473	6	0.584	43.012
7	0.678	36.203	7	0.406	59.489	7	0.574	43.737	7	0.658	37.94
8	0.876	21.399	8	0.48	51.469	8	0.678	36.203	8	0.876	21.399
9	1	15	9	0.589	42.653	9	0.748	26.688	9	1	15
			10	0.678	36.203	10	0.822	23.052			
			11	0.807	23.524	11	0.866	21.691			

			12	0.871	21.544	12	0.995	15.29			

Tabela 31: Valor Rf e peso molecular das bandas proteicas obtidas em *Alternanthera sessilis* tratada com Pb

Controlo			Pb T1			Pb T2			Pb T3		
Número da banda	Frente relativa	Mol. Peso (KDa)	Número da banda	Frente relativa	Mol. Peso (KDa)	Número da banda	Frente relativa	Mol. Peso molecular (KDa)	Número da banda	Frente relativa	Mol. Peso (KDa)
1	0.069	190.38	1	0.049	218.163	1	0.054	210.858	1	0.015	276.892
2	0.197	77.746	2	0.187	83.544	2	0.187	83.544	2	0.059	203.798
3	0.261	56.333	3	0.246	60.511	3	0.251	59.085	3	0.192	80.593
4	0.31	48.239	4	0.3	48.936	4	0.3	48.936	4	0.256	57.693
5	0.384	43.321	5	0.438	40.036	5	0.374	43.947	5	0.36	44.902
6	0.438	40.036	6	0.483	37.534	6	0.483	37.534	6	0.473	38.076
7	0.493	37	7	0.571	31.083	7	0.567	31.424	7	0.606	28.802
8	0.576	30.747	8	0.65	26.113	8	0.645	26.399	8	0.714	21.659
9	0.65	26.113	9	0.852	16.555	9	0.739	20	9	0.872	16.019
10	0.828	17.249	10	0.985	10	10	0.985	10	10	0.906	15.124
11	0.99	9.733							11	0.985	10

PLACA 5

Perfil proteico em SDS PAGE de *Alternanthera sessilis* (L.) R. Br

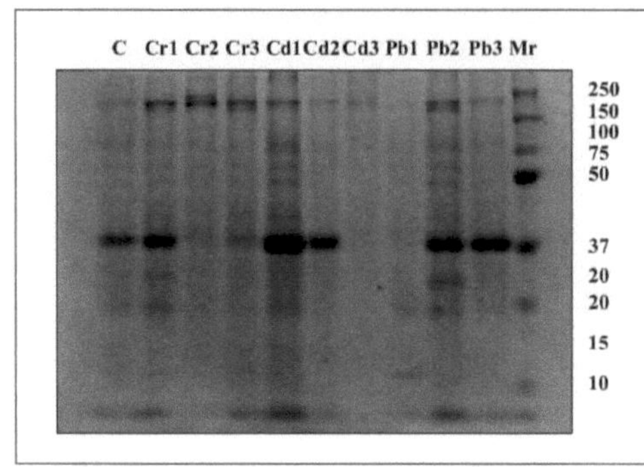

Valor Rf das bandas obtidas em *Alternanthera sessilis* sob stress de metais pesados

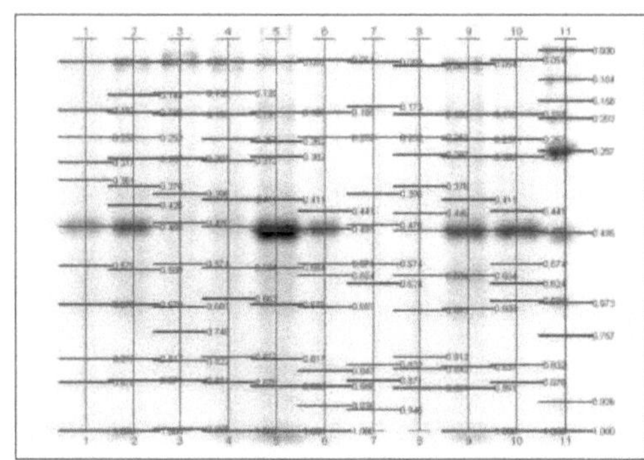

Peso molecular das bandas obtidas em *Alternanthera sessilis* sob stress de metais pesados

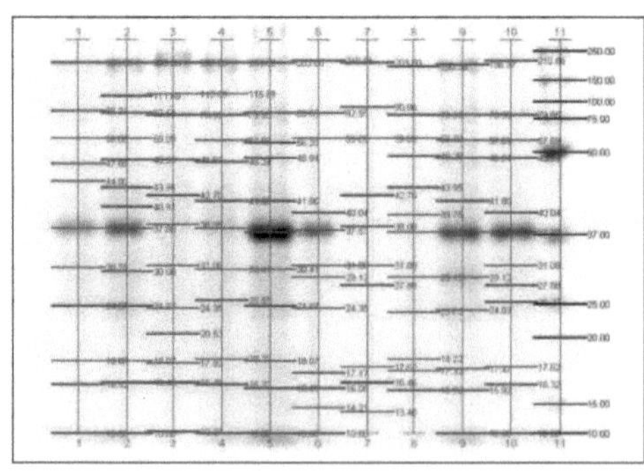

114

Em *Alternanthera tenella*, verificou-se a indução de várias bandas polipeptídicas de diferentes pesos moleculares em condições de stress provocado por metais pesados (placa 6).

Em *A. tenella* tratada com Cd, cinco novas bandas no tratamento com Cádmio Tl (104,138, 83,015, 58,918 ,43,012, 37,94 KDa), 8 novas bandas no tratamento com Cádmio T2 (peso molecular 106,271, 81,622, 72.859, 58.918, 50.485, 43.012, 23.365, 21.255 KDa) e 9 novas bandas no tratamento com cádmio T3 (peso molecular 210.858, 106.271, 63.037, 44.105, 41.25, 37, 22.436, 21.255, 20 KDa). Quatro polipeptídeos que estavam presentes na planta de controlo foram considerados ausentes devido ao tratamento com Cd (Quadro 32).

Em *Alternanthera tenella* foram induzidas 8 novas bandas no tratamento T1 com crómio (peso molecular 196,975,59,085,48,587,37,266, 30,414,25,55,20,321,17,392 KDa), 9 novas bandas no tratamento T2 com crómio (peso molecular 196.975,59.085,48.587,37.266, 30.414,25.55,20 .321,17.392 KDa), 10 novas bandas no tratamento com Crómio T3 (peso molecular 218.163, 80.593, 60.511, 48.936, 40.614, 30.084, 26.688, 20.648, 16.019, 9.474 KDa). Sete bandas com peso molecular 190,38, 56,333, 48,239, 43,321, 30,747, 26,113 e 17,249 KDa que estavam presentes na planta de controlo foram dissociadas devido ao tratamento com Crt em *A. tenella* (Tabela 33).

Devido ao tratamento com Pb, foram observadas 9 novas bandas no tratamento T1 com chumbo, 9 novas bandas no tratamento T2 com chumbo e 8 novas bandas no tratamento T3 com chumbo. O número máximo de novas bandas proteicas (10) estava presente nas plantas tratadas com o tratamento Cr T3 (100 mg g^{-1}), enquanto as plantas durante o tratamento com cádmio Tl apresentaram apenas cinco novas bandas proteicas, revelando diferentes respostas de *A. tenella* a diferentes metais e às suas diferentes concentrações (Quadro 34).

O padrão do perfil de proteínas em condições de metal pesado pode ajudar a identificar certas proteínas associadas ao stress. Embora seja geralmente aceite que os metais pesados provocam alterações quantitativas na síntese de proteínas, existe alguma controvérsia sobre se os metais pesados activam quaisquer genes especializados que estejam envolvidos na tolerância aos metais pesados (Reynolds *et al.*, 2001). No entanto, no presente estudo, certas proteínas recentemente induzidas, expressas em resposta ao stress por metais pesados em ambas as plantas. Foram identificadas várias proteínas induzidas por metais pesados em espécies de plantas e foram classificadas em dois grupos distintos (Hurkman *et al.*, 1989; Pareek e Singla 1997; Ali *etal.,* 1999; Mansour 2000) proteínas de stress de metais pesados, que se acumulam apenas devido ao stress de metais pesados, e proteínas associadas ao stress, que também se acumulam em resposta ao calor, frio, seca, encharcamento e nutrientes minerais altos e baixos. As proteínas que se acumulam em plantas cultivadas em condições de stress por metais pesados podem fornecer uma forma de armazenamento de azoto que é reutilizado quando o stress termina, o que pode desempenhar um papel no ajustamento osmótico (Singh *et*

Tabela 32: Valor Rf e peso molecular das bandas proteicas obtidas em Cd *AxeateA Alternanthera tenella*

Controlo			Cd Tl			Cd T2			Cd T3		
Número da banda	Frente relativa	Mol. Peso (KDa)	Número da banda	Frente relativa	Mol. Peso molecular (KDa)	Número da banda	Frente relativa	Mol. Peso molecular (KDa)	Número da banda	Frente relativa	Mol. Peso (KDa)
1	0.069	190.38	1	0.064	196.975	1	0.049	218.163	1	0.049	218.163
2	0.197	77.746	2	0.187	83.544	2	0.187	83.544	2	0.182	86.603
3	0.261	56.333	3	0.256	57.693	3	0.256	57.693	3	0.256	57.693
4	0.31	48.239	4	0.3	48.936	4	0.3	48.936	4	0.3	48.936
5	0.384	43.321	5	0.433	40.324	5	0.379	43.633	5	0.374	43.947
6	0.438	40.036	6	0.498	36.599	6	0.414	41.497	6	0.433	40.324
7	0.493	37	7	0.586	30.084	7	0.498	36.599	7	0.493	37
8	0.576	30.747	8	0.635	26.98	8	0.586	30.084	8	0.581	30.414
9	0.65	26.113	9	1	9.221	9	0.645	26.399	9	0.64	26.688
10	0.828	17.249				10	0.818	17.535	10	0.788	18.422
11	0.99	9.733				11	0.877	15.888	11	0.872	16.019
						12	1	9.221	12	0.99	9.733

Tabela 33: Valor Rf e Peso Molecular das Bandas de Proteínas Obtidas em Cr *AxeateA Alternanthera tenella*

Controlo			CrTl			Cr T2			Cr T3		
Número da banda	Frente relativa	Mol. Peso (KDa)	Número da banda	Frente relativa	Mol. Peso molecular (KDa)	Número da banda	Frente relativa	Mol. Peso molecular (KDa)	Número da banda	Frente relativa	Mol. Peso (KDa)
1	0.069	190.38	1	0.064	196.975	1	0.054	210.858	1	0.049	218.163

Número da banda	Frente relativa	Mol. Peso (KDa)	Número da banda	Frente relativa	Mol. Peso (KDa)	Número da banda	Frente relativa	Mol. Peso (KDa)	Número da banda	Frente relativa	Mol. Peso (KDa)
2	0.197	77.746	2	0.197	77.746	2	0.192	80.593	2	0.192	80.593
3	0.261	56.333	3	0.251	59.085	3	0.256	57.693	3	0.246	60.511
4	0.31	48.239	4	0.305	48.587	4	0.305	48.587	4	0.3	48.936
5	0.384	43.321	5	0.488	37.266	5	0.389	43.012	5	0.429	40.614
6	0.438	40.036	6	0.581	30.414	6	0.438	40.036	6	0.493	37
7	0.493	37	7	0.66	25.55	7	0.493	37	7	0.586	30.084
8	0.576	30.747	8	0.734	20.321	8	0.581	30.414	8	0.64	26.688
9	0.65	26.113	9	0.823	17.392	9	0.64	26.688	9	0.729	20.648
10	0.828	17.249	10	0.99	9.733	10	0.808	17.826	10	0.872	16.019
11	0.99	9.733				11	0.867	16.152	11	0.995	9.474
						12	0.99	9.733			

Tabela 34: Valor Rf e peso molecular das bandas proteicas obtidas em *Alternanthera tenella* tratada com Pb

Controlo			Pb Tl			Pb T2			Pb T3		
Número da banda	Frente relativa	Mol. Peso (KDa)	Número da banda	Frente relativa	Mol. Peso (KDa)	Número da banda	Frente relativa	Mol. Peso molecular (KDa)	Número da banda	Frente relativa	Mol. Peso molecular (KDa)
1	0.069	190.38	1	0.049	218.163	1	0.054	210.858	1	0.015	276.892
2	0.197	77.746	2	0.187	83.544	2	0.187	83.544	2	0.059	203.798
3	0.261	56.333	3	0.246	60.511	3	0.251	59.085	3	0.192	80.593
4	0.31	48.239	4	0.3	48.936	4	0.3	48.936	4	0.256	57.693
5	0.384	43.321	5	0.438	40.036	5	0.374	43.947	5	0.36	44.902
6	0.438	40.036	6	0.483	37.534	6	0.483	37.534	6	0.473	38.076
7	0.493	37	7	0.571	31.083	7	0.567	31.424	7	0.606	28.802
8	0.576	30.747	8	0.65	26.113	8	0.645	26.399	8	0.714	21.659

9	0.65	26.113	9	0.852	16.555	9	0.739	20	9	0.872	16.019
10	0.828	17.249	10	0.985	10	10	0.985	10	10	0.906	15.124
11	0.99	9.733							11	0.985	10

PLACA 6

SDS PAGE Perfil proteico *OiAlternanthera tenella* Colla.

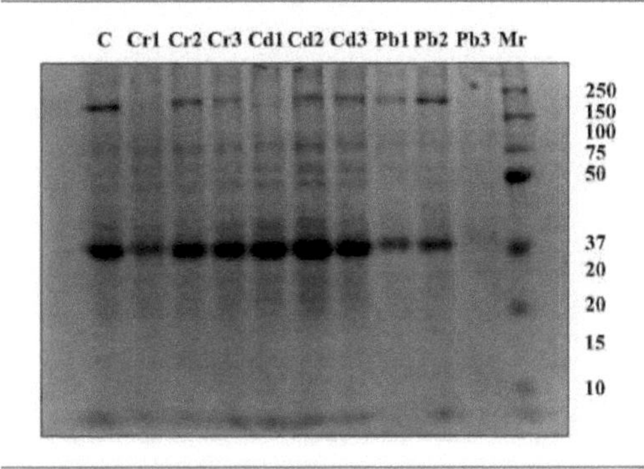

Valor Rf das bandas obtidas em *Alternanthera tenella* sob stress de metais pesados

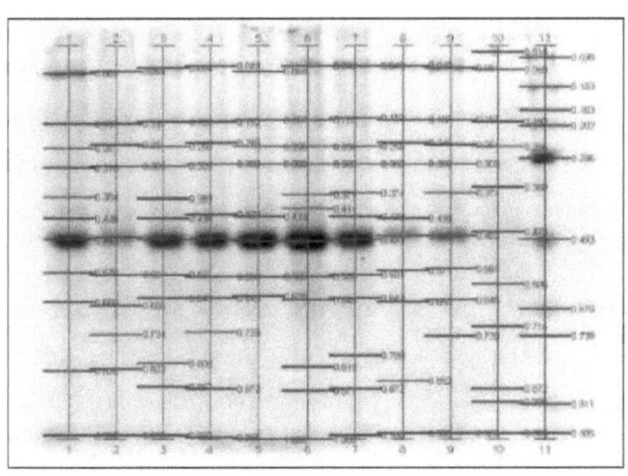

Peso molecular das bandas obtidas em *Alternanthera tenella* sob stress de metais pesados

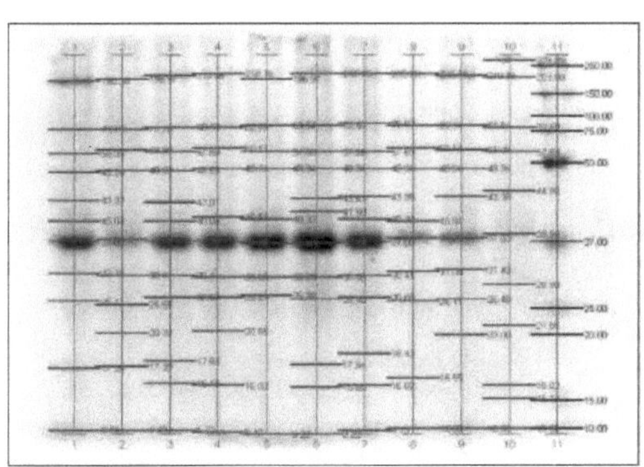

al., 1987). Várias bandas presentes na planta de controlo desapareceram devido ao stress provocado por metais pesados, o que indica que esses tratamentos são altamente eficazes para provocar uma grande remodelação dos perfis proteicos *das* espécies de *Alternanthera*. O desaparecimento e o reaparecimento de algumas proteínas e a síntese de novo de proteínas em resposta à exposição a metais pesados indicaram uma relação direta entre a proteómica induzida pelo stress por metais. Observações semelhantes foram também relatadas em plantas de tomate sob stress de cobre (ElAref e Hamada, 1998) e em *Withania somnifera* (Rout e Sahoo 2013).

5.7 Teor de metalotioneína

Os ligandos de ligação a metais, como as metalotioneínas (MTs) e as fitoquelatinas (PCs), regulam a síntese de proteínas ou polipéptidos de ligação a metais nas plantas sob stress de metais pesados. O teor de metalotioneína foi elevado em duas espécies de *Alternanthera* com o aumento da concentração de metais pesados, como se mostra nas figuras 20 e 21. O teor de metalotioneína foi mais elevado no tratamento T3 com Cd em ambas as espécies de *Alternanthera*. Nas plantas, as MTs são induzidas por vários stresses abióticos, mas também são expressas durante o seu desenvolvimento (Rauser, 1999). As MTs têm provavelmente funções diferentes em resposta a diferentes metais pesados e podem também participar no mecanismo de proteção antioxidante adicional e na reparação da membrana plasmática (Hamer, 1986). As MT das plantas sequestram o excesso de metais através da coordenação de iões metálicos com os múltiplos grupos tiol de cisteína (Robinson *et al.*, 1993) e têm uma afinidade particular para Zn^{2+} , Cu^+ e Cu^{2+} , como demonstrado pela expressão do gene PsMTa de *Pisum sativum* em *E. coli* (Tommey *et al.*, 1991). A expressão do gene MT de *Arabidopsis thaliana* é activada em resposta ao tratamento com Cu e Cd, mas não com Zn (Zhou e Goldsbrough, 1994). Em *A. thaliana,* MT1a e MT2a são expressos nos tricomas e no floema, indicando que participam tanto no sequestro de metais pesados como no transporte de iões metálicos (Garcia-Hernandez *et al.*, 1998). Os mutantes *mtla de A. thaliana* são hipersensíveis ao Cd e acumulam níveis muito mais baixos de As, Cd e Zn do que as plantas do tipo selvagem, mostrando que as MTs desempenham um papel tanto na tolerância como na acumulação de metais (Zimeri *et al.*, 2005).

5.8 Sequência do gene da metalotioneína

A expressão da metalotioneína foi examinada por PCR em *A. sessilis* e *A. tenella*, o que demonstrou que as MTs foram expressas em todas as três plantas tratadas com metais pesados (placa 8). Tentou-se isolar do ADN genómico de *A. sessilis* e *A.tenella* sequências de ADN homólogas aos genes que codificam as MT. A PCR foi efectuada utilizando dois oligonucleótidos degenerados com base nas sequências de ADN publicadas que codificam MTs noutras espécies vegetais, como *Arabidopsis thaliana* e *Amaranthus cruentus*.

Fig. 20. Teor de metalotioneína em *Alternanthera sessilis* sob stress de metais pesados

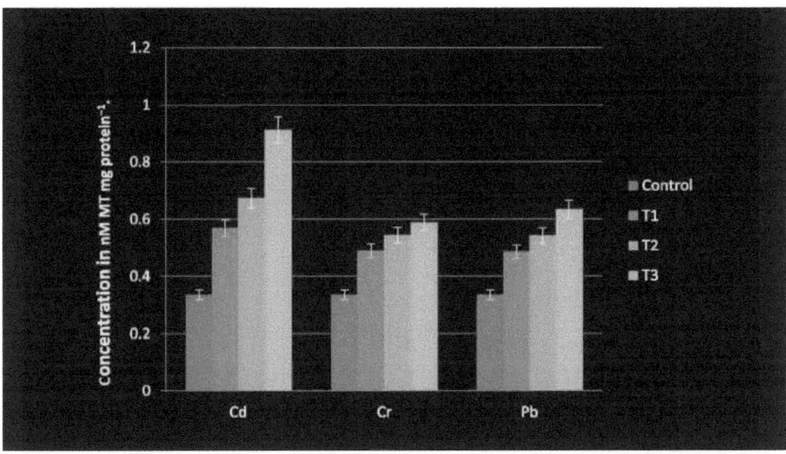

Fig. 21. Teor de metalotioneína em *Alternanthera tenella* sob stress de metais pesados

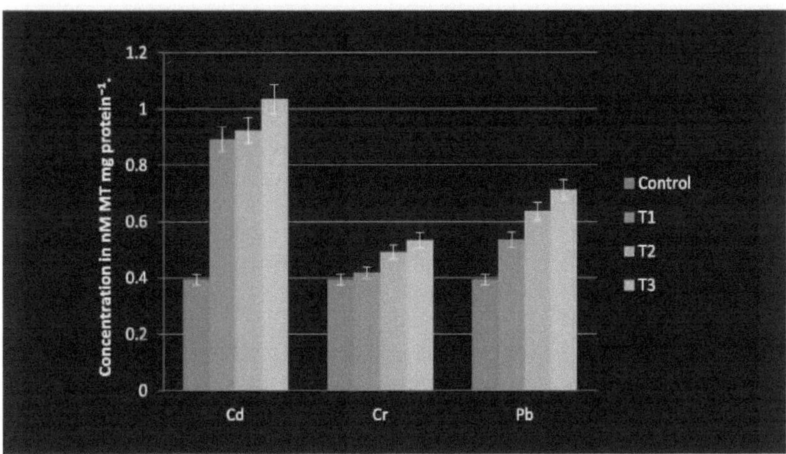

O resultado da eletroforese mostrou que a banda obtida para *Alternantera tenella* e *Alternanthera sessilis* tem cerca de 500 pb. O gene da metalotioneína da família Amaranthaceae já registado provém da sequência do ARNm de *Amaranthus cruentus*, que tem 545 pb de comprimento. Duas sequências genómicas semelhantes às MTs foram isoladas por amplificação por PCR, utilizando iniciadores homólogos aos genes que codificam as MTs. Estas sequências (Mt S e Mt T) têm 426 e 424 pb de comprimento, respetivamente. Estas duas sequências foram analisadas pelo programa BLAST do National Center for Biotechnology Information. A sequência obtida de *Alternantera tenella* e *Alternanthera sessilis* foi a seguinte.

>MTS
TGATGCAAGATGTTCCCGGACTTAACATTTCGGTAAGTGACCTTACTTCCTTTCGGTCCTAC
CATCGTGACCTTCTCATTCTTACAATCAATCATAGCCTCAAATTTCCCTAGTCAATCCATTC
CAAGAATCACATCCAAATCCTCCATGGCTAAAACATAAACATCGGTCTGAAATATAACCT
TATGAACTTTCAAAGGAACACCTCTAAATACTCTATCACAGTTACATAACTCTCCCGACGG
TAAGGCTACTACAGCTGAAGTCAACTCGGGCTCTCCTAATCCTAAAGCCTTAACTTTACTAC
CAGAAATAAACGAATACGAAGCTCTAGAATAAAAAAGAACCTTAACTGCCTTACTATGTAC
GAAAAACGTACCTGAAATTACATCTTTCGATGTGCAAGCTTCCTTAGTGCTGATGGCAG
>MTT
TGGATGCAAGATGTTCCCGGACTTAACATTTCGGTAAGTGACCTTACTTCCTTTCGGTCCTAC
CATCGTGACCTTCTCATTCTTACAATCAATCATAGCCTCAAATTTCCCTAGTCAATCCATTC
CAAGAATCACATCCAAATCCTCCATGGCTAAAACATAAACATCGGTCTGAAATATAACCT
TATGAACTTTCAAAGGAACACCTCTAAATACTCTATCACAGTTACATAACTCTCCCGACGG
TAAGGCTACTACAGCTGAAGTCAACTCGGGCTCTCCTAATCCTAAAGCCTTAACTTTACTAC
CAGAAATAAACGAATACGAAGCTCTAGAATAAAAAAGAACCTTAACTGCCTTACTATGTAC
GAAAAACGTACCTGAAATTACATCTTTCGATGTGCTAGCTTCCTTAGTGCTGAT

Após a análise BLAST, a sequência de *Alternanthera sessilis* e *Alternnthera tenella* mostrou 89% de semelhança com a região não caracterizada do genoma completo do cromossoma 07 de *Solanum lycopersicum*. Estas regiões não caracterizadas de espécies de Solanum podem ser *metalotioneínas* e esta sequência obtida pode ser uma sequência parcial do gene da metalotioneína obtida de duas espécies de *Alternanthera* (Placa 7). A análise de Clustal W foi efectuada entre estas duas sequências e mostrou uma correspondência de 96,4%.

Em animais e fungos, foi demonstrado que as MTs desempenham um papel na desintoxicação de metais pesados (Robinson *et al.*, 1993), embora a sua função exacta não seja completamente compreendida. Nas plantas, foi registada uma correlação entre os níveis de ARN das MT e as diferenças naturalmente observadas na tolerância aos metais pesados em ecótipos de *Arabidopsis*,

PLACA 7

Resultado da explosão de *A. sessilis*

Description	Max score	Total score	Query cover	E value	Ident	Accession
PREDICTED: Arachis ipaensis uncharacterized LOC107636604 (LOC107636604), mRNA	59.0	59.0	12%	1e-04	79%	XM_016340103.1
Solanum lycopersicum chromosome ch07, complete genome	57.2	289	8%	4e-04	89%	HG975519.1
PREDICTED: Arachis duranensis uncharacterized LOC107466134 (LOC107466134), mRNA	55.4	55.4	9%	0.001	82%	XM_016085121.1
Cucumis melo genomic chromosome, chr_9	55.4	290	8%	0.001	85%	LN713263.1
Cucumis melo genomic scaffold, anchoredscaffold00048	55.4	149	8%	0.001	85%	LN681890.1
Cucumis melo genomic chromosome, chr_6	53.6	185	9%	0.005	83%	LN713260.1
Cucumis melo genomic scaffold, anchoredscaffold00062	53.6	96.3	9%	0.005	83%	LN681856.1
Solanum pennellii chromosome ch10, complete genome	53.6	192	8%	0.005	86%	HG975449.1
Solanum pennellii chromosome ch01, complete genome	53.6	189	7%	0.005	86%	HG975440.1
Cucumis melo genomic chromosome, chr_8	51.8	376	8%	0.018	83%	LN713262.1
Cucumis melo genomic chromosome, chr_5	51.8	187	8%	0.018	85%	LN713259.1
Cucumis melo genomic chromosome, chr_2	51.8	235	13%	0.018	83%	LN713256.1
Cucumis melo genomic scaffold, anchoredscaffold00036	51.8	146	8%	0.018	83%	LN681878.1
Cucumis melo genomic scaffold, anchoredscaffold00009	51.8	96.3	8%	0.018	85%	LN681846.1
Cucumis melo genomic scaffold, anchoredscaffold00024	51.8	99	8%	0.018	83%	LN681807.1
PREDICTED: Daucus carota subsp. sativus uncharacterized LOC108194850 (LOC108194850), mRNA	50.0	50.0	8%	0.062	81%	XM_017361787.1
PREDICTED: Arachis duranensis uncharacterized LOC107483866 (LOC107483866), mRNA	50.0	50.0	9%	0.062	80%	XM_016104476.1
Cucumis melo genomic scaffold, unassembled_sequence40546	50.0	50.0	8%	0.062	83%	LN693118.1
Cucumis melo genomic scaffold, unassembled_sequence40447	50.0	50.0	8%	0.062	83%	LN692986.1

Resultado da explosão de *A. tenella*

Description	Max score	Total score	Query cover	E value	Ident	Accession
PREDICTED: Arachis ipaensis uncharacterized LOC107636604 (LOC107636604), mRNA	59.0	59.0	12%	1e04	79%	XM_016340103.1
Solanum lycopersicum chromosome ch07, complete genome	57.2	289	8%	4e04	89%	HG975519.1
PREDICTED: Arachis duranensis uncharacterized LOC107466134 (LOC107466134), mRNA	55.4	55.4	9%	0.001	82%	XM_016085121.1
Cucumis melo genomic chromosome, chr_9	55.4	290	8%	0.001	85%	LN713263.1
Cucumis melo genomic scaffold, anchoredscaffold00048	55.4	149	8%	0.001	85%	LN681890.1
Cucumis melo genomic chromosome, chr_6	53.6	185	9%	0.005	83%	LN713260.1
Cucumis melo genomic scaffold, anchoredscaffold00062	53.6	96.3	9%	0.005	83%	LN681856.1
Solanum pennellii chromosome ch10, complete genome	53.6	192	8%	0.005	86%	HG975449.1
Solanum pennellii chromosome ch01, complete genome	53.6	189	7%	0.005	86%	HG975440.1
Cucumis melo genomic chromosome, chr_8	51.8	376	8%	0.018	83%	LN713262.1
Cucumis melo genomic chromosome, chr_5	51.8	187	8%	0.018	85%	LN713259.1
Cucumis melo genomic chromosome, chr_2	51.8	235	13%	0.018	83%	LN713256.1
Cucumis melo genomic scaffold, anchoredscaffold00036	51.8	146	8%	0.018	83%	LN681878.1
Cucumis melo genomic scaffold, anchoredscaffold00009	51.8	96.3	8%	0.018	85%	LN681846.1
Cucumis melo genomic scaffold, anchoredscaffold00024	51.8	99	8%	0.018	83%	LN681807.1
PREDICTED: Daucus carota subsp. sativus uncharacterized LOC108194850 (LOC108194850), mRNA	50.0	50.0	8%	0.062	81%	XM_017361787.1
PREDICTED: Arachis duranensis uncharacterized LOC107483866 (LOC107483866), mRNA	50.0	50.0	9%	0.062	80%	XM_016104476.1

PLACA 8

Eletroforese em gel de agarose do produto PCR

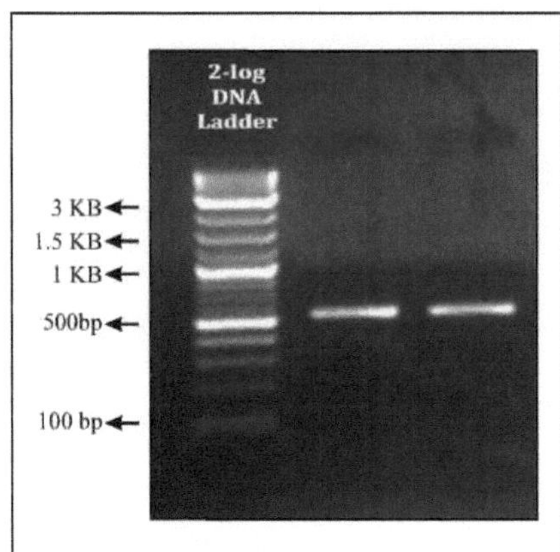

Cromatograma de ADN de *A.sessilis*

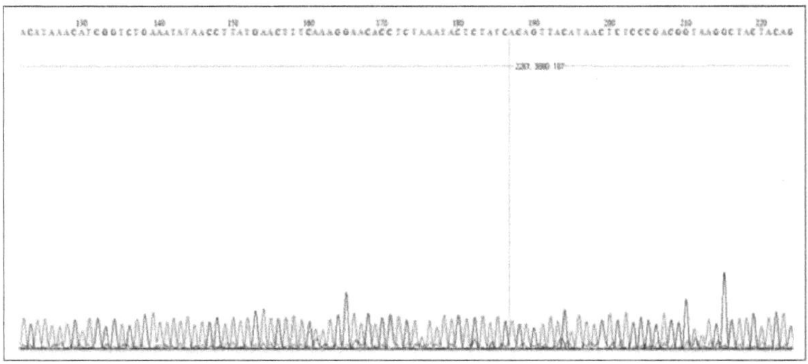

DNACromatograma de *A. tenella*

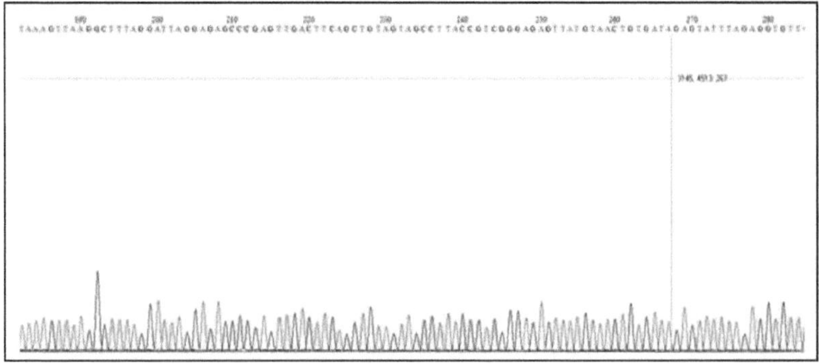

sugerindo um papel na homeostase dos metais (Murphy e Taiz, 1995; Murphy *et al.*, 1997). O efeito dos metais na expressão das MTs varia consoante a espécie vegetal, o tecido e o tipo de MT. Em *Arabidopsis* (Zhou e Goldsbrough, 1994; Murphy e Taiz, 1995), *Triticum aestivum* (Snowden *et al.*, 1995), *Pisum sativum* (Fordham-Skelton *et al.*, 1997) e *Oryza saliva* (Hsieh *et al.*, 1995), a transcrição das MTs foi reforçada por determinados metais. Em *Mimulus guttatus* (de Miranda, 1990), *Glycine max* (Kawashima, 1991) e cevada (Okumura *et al.*, 1991), os níveis de ARNm das MTs foram diminuídos pelo tratamento com cobre, ao passo que em *Viciafaba* (Foley *et al.*, 1997) e *Nicotiana glutinosa* (Choi *et al.*, 1996), a expressão das MTs não foi afetada pelos metais.

Um estudo mais aprofundado da sequência genética poderia fornecer uma imagem completa do gene da metalotioneína envolvido na quelação de metais pesados no interior das células vegetais, o que as ajuda a tolerar o stress causado por metais pesados

6. RESUMO E CONCLUSÃO

A poluição ambiental afecta a qualidade da pedosfera, da hidrosfera, da atmosfera, da litosfera e da biosfera. Nas últimas duas décadas, foram envidados grandes esforços para reduzir a poluição e remediar os solos e os recursos hídricos poluídos. A fitorremediação é uma abordagem multidisciplinar integrada para a limpeza de solos contaminados, que combina as disciplinas de fisiologia vegetal, química do solo e microbiologia do solo. As tecnologias de engenharia tradicionais eram demasiado dispendiosas, pelo que o objetivo da fitoremediação é a remoção de metais destes solos utilizando plantas acumuladoras. Os metais pesados acumulam-se na cadeia alimentar e são biomagnificados, conduzindo a graves problemas ecológicos e de saúde. A produção de espécies reactivas de oxigénio (ROS) e a perturbação da homeostase celular ocorrem sob stress. Isto ativa os mecanismos antioxidativos para eliminar o excesso de ROS. O mecanismo de tolerância envolve um sistema que elimina os radicais livres e as ERO, o que, por sua vez, aumenta a necessidade de antioxidantes enzimáticos e não enzimáticos.

O presente estudo centra-se no efeito do stress de metais pesados em *Alternanthera sesstUs e Alternanthera tenella*, que são plantas infestantes comuns, utilizando solo tratado com metais pesados. Para avaliar o efeito dos metais pesados nas plantas selecionadas, estas foram cultivadas em concentrações variáveis de cádmio, crómio e chumbo em condições laboratoriais. Após um mês de tratamento, foram analisados factores morfológicos e bioorgânicos (açúcares solúveis, proteínas, lípidos, aminoácidos e perfil de pigmentos), antioxidantes não enzimáticos (prolina e fenol) e antioxidantes enzimáticos (superóxido dismutase, catalase, ascorbato peroxidase, gauicol peroxidase, glutationa redutase, polifenol oxidase, monodehidroascorbato redutase e dehidroascorbato redutase). As caraterísticas do solo (físicas e químicas) foram também estimadas em solos recolhidos de três locais poluídos de Kerala, nomeadamente Plachimada, Chavara e Vilapilsala, juntamente com solo de jardim como controlo. O teor de metais pesados nas plantas foi ainda avaliado para calcular o BCF e o TF. Além disso, foi também calculado o teor de metais pesados no solo após a plantação das ervas daninhas. As principais conclusões incluem:

Estudos morfológicos revelaram sintomas de fitotoxicidade e crescimento reduzido em todas as plantas devido a metais pesados como Cr, Cd e Pb.

As moléculas bioorgânicas, como os açúcares solúveis totais e os aminoácidos, foram reduzidas devido ao tratamento com metais pesados em ambas as espécies de *Altemanthera*

O conteúdo de proteínas e lípidos flutuou em ambas as espécies de *Alternanthera* devido ao stress de metais pesados.

Os antioxidantes não enzimáticos registaram um aumento sob o tratamento com metais pesados.

O aumento dos níveis de prolina em todos os tratamentos indicou tolerância a metais pesados.

O aumento do teor de fenóis em ambas as espécies vegetais pode ser devido ao stress oxidativo induzido por metais pesados.

^ O teor de carotenóides flutua em todos os tratamentos em ambas as espécies.

O conteúdo total de clorofila foi drasticamente reduzido pelos tratamentos com Cr e Cd em ambas as espécies de *Alternanthera*, enquanto se observou um ligeiro aumento no caule *de Alternanthera tenella* sob o tratamento com chumbo em relação ao controlo.

As plantas foram capazes de se proteger contra o stress multimetal através da ativação e do aumento de vários antioxidantes enzimáticos como SOD, CAT, POD, PPO, APX, DHAR, GR e MDHAR contra o stress de cádmio, crómio e chumbo.

O padrão de aumento da acumulação de todos os metais estava de acordo com o tratamento com metais pesados. A eficiência de bioacumulação de metais no tecido foi na ordem Pb>Cr>Cd.

Os factores de translocação foram superiores à unidade na maioria dos tratamentos, indicando a eficiência da *Alternanthera* na translocação de metais pesados nas partes aéreas.

O crescimento de ambas as espécies de *Alternanthera* em solos contaminados recolhidos de locais poluídos também mostrou que tinham potencial suficiente para a fitoacumulação de metais pesados e a fitorremediação de solos pouco poluídos. A análise pós-ensaio mostrou que os teores de Pb, Cd e Cr do USWC foram reduzidos em 56,38%, 55,45% e 66,28%, respetivamente, numa média. *A. tenella* foi mais eficiente na acumulação de metais pesados do que *A. sessilis*.

^. O perfil proteico utilizando SDS-PAGE de todas as plantas revelou novas bandas em todos os tratamentos, o que sugere a indução de novos polipéptidos com um papel ativo no mecanismo de tolerância das plantas ao stress causado por metais pesados

Foi observado um aumento do teor de metalotioneína devido ao tratamento com metais pesados

Uma sequência de codificação parcial semelhante à metalotioneína foi sequenciada em ambas as espécies de *Alternanthera*

As plantas objeto da presente investigação acumularam metais pesados Pb, Cd e Cr a níveis notáveis nos seus tecidos, juntamente com mecanismos eficazes de tolerância e defesa. A tolerância e a acumulação foram maiores na *Altemanthera tenella*, que pode ser proposta como um fitoremediador de nível médio para solos contaminados com metais pesados.

Em geral, ambas as espécies mostraram uma tolerância significativa aos metais pesados com um mecanismo de defesa eficaz. As espécies de ervas daninhas selecionadas, *Alternanthera sesstls* e *Alternanthera tenella*, foram eficientes na fitoacumulação de metais pesados, pelo que se pode propor a sua exploração para a fitorremediação de solos contaminados com metais pesados, o que, por sua vez, conduz à sua utilização eficaz. O estudo justifica uma investigação mais pormenorizada para compreender o mecanismo de tolerância aos metais pesados, a acumulação e o mecanismo de defesa das ervas daninhas selecionadas a nível ultra-estrutural e molecular. A sequenciação completa do gene da proteína responsável pela desintoxicação de metais pesados também tem grande importância.

7. REFERÊNCIAS

Abdel-Latif, A. (2008). Alterações induzidas pelo cádmio no teor de pigmentos, absorção de iões, teor de prolina e atividade da fosfoenolpiruvato carboxilase em plântulas de *Triticum aestivuaum. AustralianjBasicApplScien.* 2: 57- 62.

Aboulroos, S. A., Helal, M. D e Kamel, M. M. (2006). Remediação de solos poluídos com chumbo e cádmio utilizando técnicas de imobilização *in situ* e de fitoextracção. *Soil Sediment Contam.* 15:199-215.

Adriano, D. C. (1986). Elementos vestigiais no ambiente terrestre. *Envi Conservation* .13 :379-379.

Aebi H (1984) Catalase in Vitro. Method Enzym 105: 121- 126

Agrawal, S.K. (2002). Pollution Management Vol. IV. Heavy Metal Pollution APH Publishing Corporation, NewDelhi. P. 387.

Agrios, G.N. (2005). PlantPathology. 5th Edition. ElsevierAcademic Press, EUA.

Ahamed I. & Hellebust J.A. 1988. A relação entre o metabolismo do azoto inorgânico e a acumulação de prolina nas respostas osmorreguladoras de duas microalgas eurihalinas. - PlantPhysiol. 88: 348-354.

Ahsan, N., Renaut, J., Komatsu, S. (2009). Desenvolvimentos recentes na aplicação da proteómica à análise das respostas das plantas aos metais pesados. *Proteomics* .9:2602-21.

Ali, G., Srivastava P.S. e lqbal, M. (1999). Acumulação de prolina, padrão proteico e fotossíntese em regenerantes cultivados sob stress de NaCl. Biol. Plant. 42: 89-95.

Ali, G., Srivastava, P. S. e Iqbal, M. (2000). Influência do cádmio e do zinco no crescimento e na fotossíntese de *Bacopamonnieri* cultivado *in vitro. Biol. Plant.* 43:599 - 601.

Alieu, M. B., Huaxin, D., Jing, Z., Hongyan, S., Fangbin, C., Guoping, Z., Feibo, W. (2010). Efeitos do cádmio, cromo e chumbo no crescimento, absorção de metais e capacidade antioxidante em *Typhaangustifolia. Biological Trace ElementRes.* 142: 77-92.

Allen, E. B. (1988). A reconstrução de terras áridas perturbadas: Uma abordagem ecológica. *Plant cell Environ.* 24:1-15.

Altschul,S.F., Gish, W., Miller, W., Myers, E.W., Lipman, D.J. (1990). Ferramenta básica de pesquisa de alinhamento local. *J.Mol. Biol.* 215: 403-410.

Angelova, V., Ivanov, K. e Ivanova, R. (2006). Teor de metais pesados em plantas da família

Lamiaceae cultivadas numa região industrialmente poluída. *J. Herb. Species Med. Plants* 11: 37-46.

APHA (1992). Standard Methods for the Examination of Water and Wastewater (Métodos padrão para o exame de água e águas residuais). 18th edn. APHA-AWWA-WPCF, 1134pp.

Arnon DI (1949) Enzimas de cobre em cloroplastos isolados. Polifenoxidase em *Beta vulgaris*. *PlantPhysiol* 24: 1-5.

Arora, A., Nair, M.G., Strasburg, G.M. (1998). Relações estrutura-atividade para atividades antioxidantes de uma série de flavonóides em um sistema lipossomal. *Free Radic BiolMed.* 24: 1355-1363.

Arora, A., Sairam, R. K. e Srivastava, G. C. (2002). Stress oxidativo e sistema anti-oxidativo em plantas. *CurrScien.* 82: 1227-1238.

Arthur, E. L., Rice, P.J., Rice, P.J., Anderson, T.A., Baladi, S.M., Henderson K.L.D. e Coats J.R. (2005). Phytoremediation-An overview, *Critical Reviews in Plants Sciences*, 24:109-122.

AsadaK (1999) The water-water cycle in chloroplasts: scavenging of active oxygens and dissipation of excess photons. Annu Rev Plant Physiol Plant Mol Biol 50: 601-639.

Asada, K., (1992). Ascorbate peroxidase: a Hydrogen peroxidase scavenging enzyme in plan. *PhysiologiaPlantarum.* 85: 235-231.

Ashraf, M. e Foolad, M.R. (2007). Papéis da glicina betaína e da prolina na melhoria da tolerância das plantas ao stress abiótico. *Environ Exp Bot.* 59: 206-216.

Atesi, I., Suzen, H.S., Aydin, A. e Karakaya, A. (2004). Os danos oxidativos da base de ADN em testes de ratos após injeção intraperitoneal de cádmio. *Biometals* 17: 371-377.

ATSDR, (2007). CERCLA (The Comprehensive Environmental Response,Compensation, and Liability Act) Priority List of Hazardous Substances. Manual de orientação para a avaliação da saúde pública. Departamento de Saúde e Serviços Humanos dos EUA. Agência para o Registo de Substâncias Tóxicas e Doenças. Divisão de Toxicologia e Medicina Ambiental, Atlanta, GA.

Bajguz, A. e Hayat, S. (2009). Effects of brassinosteroids on the plant responses to environmental stresses. *PlantPhysiolBiochem.* 47(1):1-8.

Baker, A. J. M. e Brooks, R. R. (1989). Plantas terrestres superiores que hiperacumulam elementos metálicos - uma revisão da sua distribuição, ecologia e fitoquímica. *Biorecovery.* 1: 81- 126.

Baker, A. J. M. e Walker, P. L. (1990). Ecofisiologia da absorção de metais por plantas tolerantes: Heavy Metal Tolerance in Plants: Evolutionary Aspects. CRC press, Florida. p. 156-177.

Baker, A.J.M., McGrath, S.P.,Reeves,R.D., Smith, J.C.A. (2000). MetalHyperaccumulator Plants: A Review of the Ecology and Physiology of a Biological Resource for Phytoremediation of Metal-Polluted Soils. In: Terry, N., Banuelos, G. (Editores). Phytoremediation of Contaminated Soil and Water (Fitorremediação de Solo e Água Contaminados). Lewis Publishers, Boca Raton. p.85-108.

Banuelos, G.S. (1993). Fitoextracção de selénio de solos irrigados com efluentes carregados de selénio. *Plant and Soil.* 224(2):251-258.

Banuelos, G.S. e Meek, D.W. (1990). Acumulação de selénio em plantas cultivadas em solos tratados com selénio. *JEnviron Qual.*19: 772-777

Barnhart, J. (1997). Ocorrências, utilizações e propriedades do crómio. *Regul Toxicol Phar.,* 26: 53-57.

Baryla, A., Carrier, P., Franck, F., Coulomb, C., Sahut, C. e Havaux, M. (2001). Clorose foliar em plantas de colza (*Brassica napus*) cultivadas em solo poluído com cádmio: causas e consequências para a fotossíntese e o crescimento. *Planta.* 212: 696- 709.

Baryla, A., Laborde, C., Montillet, J.L., Triantaphylides, C. e Chagvardieff, P. (2000). Avaliação da peroxidação lipídica como um bioensaio de toxicidade para plantas expostas ao cobre. *Environ Pollut.* 109:131-135.

Basta, N.T., Pantone, D.J.e Tabatabai, M.A. (1993): Análise de trajetória da adsorção de metais pesados pelo solo. *Agron. J.,* 85: 1054-1057.

Bates, L. S. Waldren, R. P. e Teare, I. D. (1973). Determinação rápida de prolina livre para estudos de stress hídrico. *Plant Soil, Vol.* **39:** 205-207.

Bayram, D., Yigit, E. e Akbulut, G. B. (2015). Os efeitos do ácido salicílico em Helianthus annuus L. expostos a Quizalofop-P-Ethyl. *Ameri J of Plant Scien.* 6: 2412-2425.

Beauchamp, C. e Fridovich, I. (1971) Superoxide dismutase: Improved assays and an assay applicable to acrylamide gels. Anal. Biochem. Review. 44, 276-287.

Benavides, M.P., Gallego, S.M. e Tomaro, M.L. (2005). Toxicidade do cádmio em plantas. *BrazJPlantPhysioJ* 17: 21-34.

Benavides, M.P., Gallego, S.M. e Tomaro, M.L. (2005). Toxicidade do cádmio em plantas. *BrazJPlantPhysiol.* 17:21-34.

Bennet, L. E., Burkhead, J. L., Hale, K. L., Terry, N., Pilon, N.M. ,Pilon Smit, E. H. A. (2003). Análise de plantas transgénicas de mostarda indiana para fitorremediação de rejeitos de minas contaminados com metais. *J. Environ. Qual.* 32:432-440.

Bentham, G. e Hooker, J.D. (1866). *GeneraPlantarum.*

Beyersmann, D. e Hartwig, A. (2008). Compostos metálicos carcinogénicos: uma visão recente dos mecanismos moleculares e celulares. *Archives ofToxicology.* 82(8): 493-512.

Bhattacharjee, S. (2005). Reactive oxygen species and oxidative burst: Roles in stress,senescence and signal transduction in plants. *Current Science.* 89: 1113-1121.

Bhushan, B. e Gupta, K. (2008). Efeito do chumbo na mobilização de hidratos de carbono em sementes de aveia durante a germinação. *JApplSci EnvironManage.* 12(2): 29-33.

Bigaliev, A., Boguspaev, K. e Znanburshin, E. (2003). Phytoremediation potential of *Amaranthus sp.* for heavy metals contaminated soil of oil producing territory. *I^{oth} Annual InternationalPetroleum Environmental Conference.* Houston, al-Farabi Kazakh.

BIO-WISE, (2003). Contaminated Land Remediation: A Review of Biological Technology, Londres. DTI.p.45.

Blaylock, M.J. e Huang, J.W. (2000). Fitoextracção de metais. In: I. Raskin e B.D. Ensley eds. Phytoremediation of toxic metals: using plants to clean-up the environment. Nova Iorque, John Wiley & Sons, Inc., p. 53-70.

Bligh, E.G., e Dyer, W.J., (1959). Rapidmethod of total lipid extraction and purification (Método rápido de extração e purificação de lípidos totais). *Can. J. Biochem. Physiol.*, **37**: 911-917.

Blokhina, O., Virolainen, E., Fagerstedt, K.V. (2003). Antioxidantes, danos oxidativos e stress por privação de oxigénio: uma revisão. *Ann. Bot.* 91: 179-194.

Bona, E., Marsano, F., Cavaletto, M. e Berta, G. (2007). Caracterização proteómica da resposta ao stress do cobre em raízes de Cannabis sativa. *Proteómica.* 7:1121-1130.

Boominathan, R. e Doran, P. M. (2003). Tolerância ao cádmio e defesas antioxidativas em raízes peludas do hiperacumulador de cádmio, *Thlaspi caerulescens. Biotehnol Bioeng.* 83:158-167.

Boonyapookana,B.,Parkpian,P.,Techapinyawat, S. eDelaune,RD. (2005).Phytoaccumuation of lead by Sunflower, tobacco and Vetiver. *J. Environ Sci Hlth.* 40:117-137.

Bowler, C., Van Moutage, M. e Inze, D. (1992). Superóxido dismutase e tolerância ao stress.

Annu. Rev. PlantPhysiol. Mol. Biol. 43:83-116.

Broadley, M.R., White, P.J., Hammond, J.P., Zelko, I. e Lux, A. (2007). Zinc in Plants. *NewPhytology*. 173: 677-702.

Brooks, R.R. (1998). Plantas que Hiperacumulam Metais Pesados. CAN International. Wallington. p.379.

Brooks, R.R., Lee, J., Reeves, R.D. e Jaffre, T., (1977). Deteção de rochas niquelíferas por análise de espécimes de herbário de plantas indicadoras. *J. Geochem. Explor.* 7: 49-58.

Brown, J.E., Khodr, H., Hider, R.C. e Rice-Evans, C.A. (1998). Dependência estrutural das interações dos flavonóides com iões Cu2+: implicações para as suas propriedades antioxidantes. *BiochemJ*. 15(330): 1173-1178.

Brown, S. L., Chaney, R. L., Angle, J. S. e Baker, A. J. M. (1995). Absorção de zinco e cádmio pelo hiperacumulador *Thalaspic aerulescens* cultivado em solução nutritiva. *Soil. Sci. Soc.Am.J.* 59: 125-133.

Brown, S. L., Chaney, R. L., Angle, J. S. e Baker, A. J. M. (1995). Absorção de zinco e cádmio pelo hiperacumulador *Thalaspi caerulescens* cultivado em solução nutritiva. *Soil . Sci. Soc.Am.J.* 59: 125-133.

Bryan, G. W. & Langston, W. J. (1992). Biodisponibilidade, acumulação e efeitos dos metais pesados nos sedimentos, com especial referência aos estuários do Reino Unido: uma revisão. Environ. Pollut. 76, 89-131.

Carpena, R.0., Vazquez, S., Esteban, E., Fernandez-Pascual, M., Rosario, Felipe,M. e Zornoza, P. (2003.) Cadmium-stress in white lupin: effects on nodule structure and functioning. *PlantPhysiolBiochem*. 161: 911-919.

Chalapathi RaoASV, Reddy AR (2008) Glutathione reductase: a putative redox regulatory system in plant cells. In: Khan NA, Singh S, Umar S, Editores, Sulfur Assimilation and Abiotic Stresses in Plants, Springer, Países Baixos, pp 111-147

Chalker-Scott, L. (1999). Importância ambiental das antocianinas nas respostas ao stress das plantas. Revisão convidada. *Photochem Photobiol*. 70:1-9.

Chandra, R. P., Abdussalam, A. K. Salim, N. e Puthur, J. T (2010). Distribuição de Cd e Cr bioacumulados em duas espécies de *Vigna* e as variações histológicas associadas. *Stressphysiol. &Biochem*. 6: 4-12.

Chandra, R., Bharagava, R.N., Yadav, S. e Mohan, D. (2009). Acumulação e distribuição de metais tóxicos em trigo (*Triticum aestivum* L.) e mostarda indiana (*Brassica campestris* L.)

irrigados com efluentes de destilaria e curtume. *Hazard Mater* .162: 1514-1521

Chandrashekhar, K.R. e Sandhyarani, S. (1996). Alterações químicas induzidas pela salinidade em *Crotalaria striata* DC. *IndianJPlant Physiol.* 1:44- 48.

Chaney R.L. (1983): Absorção pela planta de constituintes inorgânicos de resíduos. In: Parr J.F., Marsh P.B., Kla J.M. (eds.): Land treatment of hazardous wastes. Noyes Data Crop, Park Ridge: 50-76.

Chaney, R.L., Hundermann, P.T., Palmer, W.T., Small, R.J., White, M.C. e Decker, A.M. (1978). Composting municipal residues and sludge. Transferência de informação. Proc. Natn. Conf. p. 86-97.

Charest, C. e C.T. Phan (1990). Coldacclimationofwheat(*Triticumaestivum*)properties of enzymes involved in proline metabolism. *Physiol Plantarum,* 80:159-168.

Chary, N.S., Kamala, C.T e Raj, D.S. (2008). Avaliação do risco de metais pesados no consumo de alimentos cultivados em solos irrigados por esgotos e transferência da cadeia alimentar. 69: 513-524.

Chatterjee, J. e Chatterjee, C. (2000). Alterações do stress do zinco no metabolismo* da grama preta (*Phaseolus mungo*). *IndianJ. Agri. Sci.* 70: 250-252.

Cheng, N. H., Pittman, J. K., Shigaki, T. e Hirschi, K. D. (2002). Characterisation of CAX4, an Arabidopsis H+/ cation antiporter. *Plant.Phsyiol.*120: 1245- 1254.

Cherif, J., Mediouni, C., Ben, W. e Jemal, F. (2011). Interações da toxicidade do zinco e do cádmio nos seus efeitos no crescimento e nos sistemas antioxidativos em plantas de tomate (*Solanum lycopersicum*). *JEnvironlScien.* 23: 837-844.

Choi, D., Kim, H.M., Yun, H.K., Park J-A., Kim, W.T., Bok. S.H. (1996). Molecular Cloning of a metallothionein-like gene from *Nicotiana glutinosa* L. and its induction by wounding and tobacco mosaic virus infection. *PlantPhysiol.* 112:353-359.

Chyan, C.L., Lee, T.T., Liu, C.P., Yang, Y.C., Tzen, J.T. e Chou, W.M. (2005). Clonagem e expressão de uma proteína semelhante à metalotioneína específica de sementes de sésamo. *Biosci BiotechnolBiochem.* 69: 2319-2325.

Clemens, S. (2001). Mecanismos moleculares de tolerância e homeostase de metais em plantas. *Planta.* 212:475-86.

Clemens, S., Palmagren, M. G. e Kraemer, U. (2002). Um longo caminho a percorrer: compreender a acumulação de metais na planta de engenharia. *TrendsPlantSci.* 7: 309-315.

Clendennen, S. e May, G.D. (1997). Differential gene expression in ripening banana fruit. *PlantPhysiol.* 115: 463-469.

Cobbet, C. (2003). Metais pesados em plantas - sistemas-modelo e hiperacumuladores. *New Phytologist.* 159:289-293.

Cobbett, C. e Goldsbrough, P. (2002). Phytochelatins and metallothioneins: roles in heavy metal detoxification andhomeostasis. *AnnualReview of PlantBiology.* 53: 159-182.

Cobbett, C. S. (2000). Phytochelatins and their roles in heavy metal detoxification. *Plant Physiol.* 123: 825-832.

Creissen GP, Edwards EA, Mullineaux PM (1994) Glutathione reductase and ascorbate peroxidase. Em CH Foyer, PM Mullineaux, ed, Causes of Photooxidative Stress and Amelioration ofDefense Systems in Plants. CRC Press, Boca Raton, FL, pp343-364.

Cui, Y. e Wang, Q. (2006). Respostas fisiológicas do milho ao enxofre elementar e ao stress de cádmio. *PlantSoilEnviron.*11: 523-529.

Cunnighan, S. D. e Ow, D. W. (1996). Promessas e perspectivas da zona radicular das culturas. Fitorremediação. *PlantPhysiol.* 110:715-719.

Cunningham SD, Berti WR, Huang JW (1995) Phytoremediation of contaminated soils (Fitorremediação de solos contaminados). Tendências Biotecnológicas 13: 393-397

Cunningham, S.D., Shann, J.R., Crowley, D.E. e Anderson, T.A. (1997). Fitorremediação de contaminantes do solo e da água. Série de simpósios ACS 664. Washington, DC, American Chemical Society. p. 2-19.

Dalton, D.A., Russell, S.A., Hanus, F.J., Pascoe, G.A. e Evans, H.J. (1986) Enzymatic reactions of ascorbate and glutathione that prevent peroxide damage in soybean root nodules. Proc. Natl. Acad. Sci. USA, 83, 3811-3815.

Dalvi, A. A. e Bhalerao, S. A. (2013). Resposta das plantas à toxicidade de metais pesados: uma visão geral do mecanismo de evitação, tolerância e absorção. *Ann Plant Scien.* 2(9):362-368.

Daniel, G., K. Hussain e Salim, N. (2009). Bioacumulação e efeito do chumbo, crómio e cádmio na atividade da peroxidase na cabaça amarga (*Momordica charantia* L. walp) cv. PRIYA. *InternJPlantScien.* 4: 239-244.

Dat, J., Vandenbeele, S., Vranova, E., Van Montagu, M., Inzé, D. e Van Breusegem,F. (2000). Dual action of the active oxygen species during plant stress responses. *Cellu MolecLifeScien.* 57: 779-795.

David, E. S., Michael, B., Nanda P.B.A. Kumar, Viatcheslav, D., Burt, D. Ensley, IlanChet ,I..(1995). Phytoremediation: ANovel Strategy for the Removal of Toxic Metals from the Environment Using Plants. *Nature Biotech.* 13:468 - 474.

Davis, M. A. e Boyd, R. S. (2000). Dynamics ofNi-based defence and organic defences in the Ni hyper accumulator, *Streptanthus polygaloides* (Brassicaceae). *New Phytol.* 146: 211-217.

Dazy, M., Beraud, E. , Cotelle, S., Meux, E., Masfaraud, J. F. e Ferard, J.F., (2008). Actividades de enzimas antioxidantes afectadas por espécies de crómio trivalente e hexavalente em Fontinalis antipyreticaHedw, *Chemosphere.*73: 281-290

Dazy, M., Masfaraud, J. F., e Ferald, J.F. (2009). Indução de biomarcadores de stress oxidativo associados ao stress por metais pesados em Fontinalis antipyretica Hedw. *Chemosphere.* 75: 297-302.

del Rio LA, Corpas J, Sandalio LM, Palma JM, Gomez M, Barroso JB. 2002. Espécies reactivas de oxigénio, sistemas antioxidantes e óxido nítrico nos peroxissomas. Journal of ExperimentalBotany 53: 1255-1272

Demidchik, V., Cuin, T.A., Svistunenko, D., Smith, S.J., Miller, A.J., Shabala, S.,Sokolik, A. e Yurin, V. (2010). Condutância de efluxo de K+ da raiz de Arabidopsis activada por radicais hidroxilo: propriedades de canal único, base genética e envolvimento na morte celular induzida pelo stress. *JCell Scien.* 123: 1468-1479.

Diwan, H. Khan, I., Ahamed, A. e Iqbal, M. (2010). Indução de fitoquelatinas e sistema de defesa antimicrobiana em *Brassica juncea* e *Vigna radiata* em resposta ao tratamento com crómio. *PlantgrowthRegul.* 61: 97-107.

Dixit, V., Pandey, V. e Shyam, R. (2002). Os iões de crómio inactivam o transporte de electrões e aumentam a produção de superóxido *in vivo* nas mitocôndrias da raiz da ervilha (*Pisuimsativuim* L. cv. Azad). *Plant CellEnviron.*25: 687-690.

Dominguez, A., Bedano, J.C., Becker, A.R. e Arolfo, R.V. (2014). A agricultura orgânica promove o funcionamento do agroecossistema em solos temperados argentinos: Evidências da decomposição da liteira e da fauna do solo. *Applied SoilEcology.* 83:170-176.

Dube, B.K., Sinha, P. e Chatterjee, C. (2002). Changes in spinach metabolism by excess cadmium. *Nature Environ. Pollut. Tech.* 1:225-229.

Durzan, D.J. e Steward, F.C. (1983). Metabolismo do azoto. In: FC Steward, RGS Bidwell (Eds.): PlantPhysiology: ATreatise, l.VIII. NewYork: Academic Press. p. 55-65.

Eapen, S. e D'Souza, S. F. (2005).Perspectivas da engenharia genética de plantas para a fitorremediação de metais tóxicos. *Biotech Advan.* 23:97-114.

Ebbs, S. D. e Kochian, V. K. (1997). Toxicidade do zinco e do cobre em espécies *de Brassica*: implicações para a fitoremediação. *Environ. Qual.* 26: 776-778.

Ebbs, S., Lau, I., Ahner, B.e Kochian, L. (2002). A síntese de fitoquelatina não é responsável pela tolerância ao Cd no hiperacumulador de Zn/Cd *Thlaspi caerulescens* (J. & C. Presl). *Planta.* 214:635-640.

Ederli, L., Reale, L., Ferrauti, F. e Pasqualini, S. (2004). Respostas induzidas por alta concentração de cádmio em raízes *de Phragmites australis. Physiol. Plant.* 121:66-74.

Edge, R., Truscot,t T.G. (1999). Radicais carotenóides e a interação dos carotenóides com espécies activas de oxigénio. In: FrankHA, YoungAJ, Britton G, Cogdell RJ (Editores). Advances in photosynthesis: the photochemistry of carotenoids. Vol. 8. Dordrecht: Kluwer. p 223-34.

Eick, M. J., Peak, J. D., Brady, P. V. e Pesek J.D (1999). Cinética da adsorção e dessorção de chumbo na goetite: Efeito do tempo de residência. *JSoil Sci.* 164: 28-39.

El-Aref, H.M. e Hamada, A.M.(1998). Diferenças genotípicas e alterações dos padrões proteicos de explantes de tomate sob stress de cobre. *Biol. Plant.* 41(4): 555-564.

Elliot, H A., Liberali, M R e Huang, C P. (1988). Competitive adsorption of heavy metals by soils. *J. environ. Qual.*15:147-219.

Elstner, E.F. e Obwald, W.F. (1994). Mecanismo de ativação do oxigénio durante o stress das plantas. *Proc Royal Soc Edinberg* 102B: 131-154.

Ensley, B.D. (2000). Racionalidade da utilização da fitoremediação. In: Raskin, I. e Ensley, B.D. (Editores). Phytoremediation of toxic metals: using plants to clean-up the environment. NewYork, JohnWiley & Sons. pp 3-12.

Entry, J, Watrud, L. e Reeves, M. (1999). Acumulação de Cs-137 e Sr-90 de solo con☐ taminado por três espécies de gramíneas inoculadas com fungos micorrízicos. *EnvironmentalPollution.* 104: 449-457.

Escarre, J., Lefebvre, C., Gruber, W., (2000). Hiperacumulação de zinco e cádmio por *Thlaspi caerulescens* de locais metalíferos e não metalíferos na zona mediterrânica: Implicações para a fitorremediação. *New Phytologist.* 145(3):429-437.

Esterbauer H., Schwarzl E. e Hayn M. 1977. Um ensaio rápido para catecol oxidase e lacase usando ácido 2, nitro-5-tiobenzóico. *Anal. Biochem.* 77:486-494.

FAI. (2007). The Fertiliser (Control) Order 1985. The FertiliserAssociation of India, 10, Shaheed Jit Singh Marg. Nova Deli, Índia.

Farago, M.E e Mullen, W.A. (1979). Plantas que acumulam metais. Parte IV. Um possível complexo cobre-prolina das raízes de *Armeria maritima.* Inorg *Chim Ata.* 32: L93- L94

Felix, H. (1997). Ensaios de campo para a descontaminação *in situ* de solos poluídos com metais pesados utilizando culturas de plantas que acumulam metais. Z PflanzenernahrBodenkd;160:525 - 9

Fergusson, J.E, (1990). Os Elementos Pesados: Chemistry, Environmental Impacts and HealthEffects. Pergamon Press; Oxford. p. 377-405.

Fifield, F. W.; Haines, P. J. (2000), EnvironmentalAnalytical Chemistry, segunda edição, Blackwell Science, Londres, Reino Unido. p. 512.

Filek, M., Keskinen, R., Hartikainen, H., Szarejko, I., Janiak, A., Miszalski Z.(2008). O papel protetor do selénio em plântulas de colza sujeitas a stress de cádmio. *J. PlantPhysiol.* 165: 833-844.

Flora, S.J.S., Mittal, M. e Mehta, A. (2008). Heavy metal induced oxidative Stressand its possible reversal by chelation therapy. *IndianJMedi Res.* 128: 221-243.

Florea, A. M. e Busselberg, D. (2006). Ocorrência, Utilização e Efeitos Tóxicos Potenciais de Metais e Compostos Metálicos. *Biometais.* 19: 419-27.

Florijn, P.J. e Van, B. (1993). Absorção e distribuição de cádmio em linhas consanguíneas de milho. *PlantSoil.* 150: 25-32.

Fodor, F. (2002). Respostas fisiológicas de plantas vasculares a metais pesados. In: M.N.V Prasad e K. Strzalka (Editores.). KluwerAcademic Publishers, Dordrecht. P. 149-177.

Fodor, F. (2002). Respostas fisiológicas de plantas vasculares a metais pesados. In: M.N.V. Prasad e K. Strzalka (Editores.). Physiology and Biochemistry of Metal Toxicity and Tolerance in Plants (Fisiologia e Bioquímica da Toxicidade e Tolerância a Metais em Plantas). KluwerAcademic Publishers, Dordrecht. 149-177.

Foley, R.C., Liang, Z.M. e Singh, K.B.(1997). Análise de cDNAs de metalotioneína tipo 1 em *Viciafaba. PlantMolBiol.* 33:583-591.

Fordham-Skelton, A.P., Lilley, C., Urwin, P.E., Robinson, N.J. (1997). Expressão de GUS em Arabidopsis dirigida por regiões 5' do gene semelhante à metalotioneína da ervilha PsMTA. *PlantMol Biol* .34:659-668.

Foyer C.H., Halliwell B. (1976). Presença de glutatião e glutatião redutase nos cloroplastos: um papel proposto no metabolismo do ácido ascórbico. - Planta 133: 21-25.

Foyer, C.H., e Noctor, G. (2005). Oxidant and antioxidant signalling in plants: a reevaluation of the concept of oxidative stress in a physiological context. *Plant Cell Environ.* 28: 1056-1071.

Freeman, J.L., Persans, M.W., Nieman, K., Albrecht, C., Peer, W.A., Pickering, I.J. e Salt, D.E. (2004). O aumento da biossíntese de glutationa desempenha um papel na tolerância ao níquel em hiperacumuladores de níquel de Thlaspi. *Plant Cell.* 16: 2176-2191.

Freitas V H. 2000. Manejo e conservação do solo para pequenas propriedades rurais. Estratégias e métodos de introdução, tecnologias e equipamento. Roma. Organização das Nações Unidas para a Alimentação e a Agricultura. FAO Soils Bulletin 77. 66 p.

Friberg, L., Gunnar, F., Nordberg, G. e Vouk, V.B. (1979). Handbook on the toxicology of metals. Elsexier/North Holland, Biomedical press. p. 1-11.

Frust, A. (1977). Cancro ambiental. Kraybill, H.F. e Mehlman, M.A. (Editores). Hemisphere Publishing Corporation. Washington e John Wile and sons, Nova Iorque. p 209-229.

Gajewska, E. e SkIodowska, M. (2008). Respostas bioquímicas diferenciais de rebentos e raízes de trigo ao stress de níquel: reacções antioxidantes e acumulação de prolina. *PlantGrowthRegul.* 54: 179-188.

Gajewska, E., Sklodowska, M., Slab,a M. e Mazur, J. (2006). Efeito do níquel nas actividades de enzimas antioxidantes, teor de prolina e clorofila em rebentos de trigo. *BtolPlant.* 50: 653-659.

Gangwar, S., Singh, V.P., Srivastava, P.K. e Maurya, J.N. (2011). Modificação da fitotoxicidade do crómio (VI) pela aplicação exógena de ácido giberélico em plântulas de Pisum sativum (L.). *Ata PhystolPlant.* 33:1385-1397.

Garbisu, C. e Alkorta, I. (2001). Fitoextracção: Uma tecnologia de base vegetal económica para a remoção de metais do ambiente. *Btores Technol.* 77(3):229-236. doi:10.1016/S0960-8524(00)00108-5.

Garcia-Hernandez, M., Murphy, A. e Taiz, L. (1998). As metalotioneínas 1 e 2 têm padrões de expressão distintos mas sobrepostos em Arabidopsis. *PlantPhystol.* 118:387-397

Garg, N. e Singla, P. (2011). Toxicidade do arsénio nas plantas cultivadas: Efeitos fisiológicos e mecanismos de tolerância. *Envtron ChemLetters.* 9: 303-321.

Gekeler, W., Grill, E., Winnacker, E.L. e Zenk, M.H. (1988). Algaesequesterheavymetals via síntese de complexos de fitoquelatina. *ArchMtcrobtol.* 150:197-202.

Ghani, A. (2010). Efeito da toxicidade do chumbo no crescimento, clorofila e conteúdo de chumbo (Pb+) de duas variedades de milho (*Zea mays* L.). *PakJNutr*. 9: 887-891.

Ghosh, M. e Singh, S. P. (2005). A review on phytoremediation of heavy metals and utilization of its byproducts. *Appl Ecol Envtron Res*.3 1-18.

Giannopolitis, C. N. e Ries, S. K. (1977). Superoxide Dismutase I Occurance in higher plants. *PlantPhystol*. 59: 309- 314.

Gill, S.S., e Tuteja, N., (2010), Reactive oxygen species and antioxidant machinery in abiotic stress tolerance in crop plants, Plant Physiol. Biochem., 48: 909-930.

Giller, K.E., Witter, E. e McGrath, S.P. (1998). Toxicidade dos metais pesados para os microrganismos e processos microbianos em solos agrícolas: A review. *Sotl Btol Btchem*. 30(10-11):1389-1414.

Govil, P.K., Reddy, G.L.N. e Krishna, A.K. (2001). Contaminação do solo devido a metais pesados na zona de desenvolvimento industrial de Patancheru, Andhra Pradesh, Índia. *Envtron Geol*, 41: 461-469.

Grau, L.H. (2000). Ligações metal-metal altamente polares em complexos heterodimetálicos "early-late". *Angewandte Chemte-Internattonal Edttton*. 39(15):2658-2678.Gregory, P. J. (1988). Crescimento e funcionamento das raízes das plantas. In: A. Wild (Editores). Russells Soil Conditions andPlant Growth. JohnWiley, NewYork. p. 113-167.

Griffiths, H.e Parry, M.A.J. (2002). Respostas das plantas ao stress hídrico. *Ann. Bot*. 89: 801-802.

Grill, E., Winnacker, E.L. e Zenk, M.H. (1985). Phytochelatins: os principais peptídeos complexantes de metais pesados de plantas superiores. *Scien*. 230: 674-676.

Guleryuz, G., Arslan, H., Izgi, B. e Gücer, S. (2006). Conteúdo de elementos (Cu, Fe, Mn, Ni, Pb e Zn) da planta ruderal Verbascum olympicum Boiss. do Mediterrâneo Oriental. Zeitschrift Für Naturforschung. Secção C. *Biociências*. 61(5/6): 357-362.

Gulieryuz, G., Arsala, H., Izgi, B. e Gucer, S. (2006). Teor de elementos (Cu, Fe, Mn, Ni, Pb e Zn) da planta ruderal *Verbascum olympicum* Boiss. do Mediterrâneo Oriental. *Z. Natuforsch*. 61:357.

Guo, M., Tian, R. e Wang, Y. (1995). Efeitos da compostagem de lamas como fertilizante sem acumulação de metais pesados pelas culturas. Proteção Agroambiental. 14 (2): 67-71.

Hale KL, McGrath S, Lombi E, Stack S, Terry N, Pickering IJ, George GN, Pilon-Smits EAH (2001) Molybdenum sequestration in Brassica: a role for anthocyanins Plant Physiol 126: 1391-

1402.

Hall, J.L. (2002). Cellular mechanism for heavy metal detoxification and tolerance (Mecanismo celular para desintoxicação e tolerância a metais pesados). *JExp Bot.* 53(366): 1-11.

HamerDH. (1986). Metallothionein. *AnnuRevBiochem.* 55:913-951.

Hamid , N., Bukhari, N. e Jawid, F. (2010). Respostas fisiológicas de *Phaseolus vulgaris* a diferentes concentrações de chumbo. *PakJBot.* 42: 239-246.

Hammami, S.S., Chaffai, R. e Ferjani, E.E. (2004).Effect of cadmium onSunflower growth, leaf pigment and photosynthetic enzymes. *PakJ. Bio.Sci.* **7** (8): 1419-1426.

Harada, E., Kim, J.A., Meyer, A. J., Hell, R., Clemens, S. e Choi, Y.E. (2010). Expression profiling of tobacco leaf trichomes identifies genes for biotic and abiotic stresses. *PlantCellPhys.* 51(10): 1627-1637.

Hardiman. R. T., Jacoby, B. (1984). Absorção e translocação de cádmio em feijões do mato (*Phaseolus vulgaris*). *Physiol.plant.* 61: 630-634

Hare, P.D. e Cress, W.A. (1997). Metabolic implications of stress-induced proline accumulation in plants (Implicações metabólicas da acumulação de prolina induzida pelo stress nas plantas). *Plant Growth Regul.* 21:79-102.

Harter, R.D. (1983), Effect of soil pH on adsorption of lead, copper, zinc, and nickel (Efeito do pH do solo na adsorção de chumbo, cobre, zinco e níquel). *Soil SciSoc AmJ.* 47: 47-51.

Havaux, **M.** (1998). Carotenóides como estabilizadores de membrana em cloroplastos. *Trends Plant Scien.* 3:147-151.

He, Z. L., Yang, X.E. e Stoffella, P.J. (2005). Elementos vestigiais em agroecossistemas e impactos no ambiente. *J Trace ElemMedBiol.* 19(2-3):125-140.

Hedva, S., Schickler, Hadar e Caspi. (2002). Resposta de enzimas antioxidativas ao stress de níquel e cádmio em plantas hiperacumuladoras do género *Alyssum. Physiologia. Plantarum.* 105:39-44

Henry, J.R. (2000). Visão geral da fitorremediação de chumbo e mercúrio - Relatório NNEMS. Washington DC. pp. 3-9.

Hopkins L., Malcolm, J., Hawkesford, J. (2000) J. S- supply, free sulphur and free aminoacids pools in Potato (*Solanum tuberosum* I. CvDesiree) In:C. Brunold C,(Editors.) Sulphur Nutrition and SulfurAssimilination in HigherPlants.p. 259- 261.

Hossain MA, Nakano Y, Asada K. (1984). Monodehydroascorbate reductase in spinach chloroplasts and its participation in regeneration of ascorbate for scavenging hydrogen peroxide. Plant Cell Physiology 25, 385-95.

Hossain, Z. e Komatsu, S. (2013), Contribuição dos estudos proteómicos para a compreensão da resposta das plantas ao stress provocado por metais pesados. *FrontPlantSci*. 3:310.

Hossain, Z., Hajika, M. e Komatsu, S. (2012). Análise comparativa do proteoma de soja com alta e baixa acumulação de cádmio sob stress de cádmio. *Aminoácidos* .43:2393-416.

Hosseini, R. H., Khanlarian, M. e Ghorbanli, M. (2007). Efeito do chumbo na germinação, crescimento e atividade da enzima catalase e peroxidase na raiz e no rebento de duas cultivares de *Brassica napus* L. *JBiol Sci*. 4: 592-598.

Hou, W., Chen, X., Song. G., Wang, Q. e Chang, C.C. (2007). Efeitos do cobre e do cádmio na restauração de corpos d'água poluídos por metais pesados por lentilha d'água (*Lemna minor*). *PlantPhysiolBiochem*. 45: 62-69.

Hsieh, H.M., Liu, W.K e Huang, P. C. (1995). Um novo gene semelhante à metalotioneína induzido por stress do arroz. *PlantMolBiol*. 28: 381-389.

Hsieh, H.M., Liu, W.K. e Huang, P.C. (1995). Anovel stress-inducible metallothionein- like gene from rice. *PlantMolBiol*.28:381-389.

Huang, H., Wang, K., Zhu, Z., Li, Y., He, Z., Yang, X.E. e Gupta, D.K. (2013). A aplicação moderada de fósforo aumenta a mobilidade e a absorção de Zn no hiperacumulador Sedum alfredii. *Environ Sci Pollut*. 20: 2844-2853.

Hudspeth, R.L., Hobbs, S.L., Anderson, D.M., Rajasekaran, K. e Grula, J.W. (1996). Caracterização e expressão de genes semelhantes à metalotioneína no algodão. *Plant Mol Biol*. 31: 701-705.

Humsa, T. Z. e Srivastava, R. K. (2015). "Impacto da mineração e processamento de terras raras no solo e no ambiente aquático em Chavara, Kollam, Kerala: Um estudo de caso. "*Procedia Earth and Planetary Science*. 11: 566-581.

Huq, S., Sokona, Y. e A. Najam. 2002. Climate Change and Sustainable Development Beyond Kyoto. International Institute for Environment and Development Opinion Paper. IIED, Londres.

Huq, S.M.I. e Naidu, R. (2005). Arsénio nas águas subterrâneas e contaminação da cadeia alimentar: Cenário do Bangladesh. In: Bundschuh J, Bhattacharya P, Chandrasekharam D, (Editores). Natural arsenic in ground water: occurrence, remediation and management. London. Taylor & Frances Group. p. 95-100.

Hurkman, W.J., Fornari, C.S. e Tanaka, C.K. (1989). A comparison of the effect of salt on polypeptide and translatable mRNA in roots of a salt tolerant and salt sensitive cultivarofbarley. PlantPhysiol. 90: 1444-1 456.

Iqbal, M.Z., Saeeda, S. e Muhammed, S. (2001). Efeitos do crómio numa importante árvore árida (*Caesalpinia pulcherima*) da cidade de Karachi, Paquistão. *Ekol Bratislava*. 20: 414-22.

Israr, M., Jewell, A., Kumar, D.e Sahi, S.V.(2011). Efeitos interactivos do chumbo, cobre, níquel e zinco no crescimento, absorção de metais e metabolismo antioxidativo da *Sesbania drummondii*. *J. Hazar. Materials* 86: 1520-1526.

Jackson, I. J. (1998). Paradigmas da acumulação de metais em plantas aquáticas enraizadas. *Sci. Total Env.* 219:223-231.

Jackson, M.B. e Ram, P.C. (2003). Physiological and molecular basis of susceptibility and tolerance of rice plants to complete submergence. *Ann Bot.* 91: 227-241.

Jaleel, C.A., Gopi, P e Pannerselvam, R. (2009). Alterações nos componentes antioxidantes não enzimáticos de plantas expostas a paclobutrazol, ácido giberélico e *Pseudomonas fluorescens*. *Plant OmicsJournal*, 2(1): 30-40.

Jamal, S.N., Iqbal, M.Z. e Athar, M. (2006), Effect of aluminium and chromium on the germination and growth of two *Vigna* species, *Int. J. Environ. Sci. Techol.* 3: 53-58.

Jarvis, S.C., Jones, L.H.P. e Hooper, M.J. (1976). Cadmium uptake from solution by plants and its transport from roots to shoot. *Plant and Soil.* 44: 179-191.

Jayakumar, K., Jaleel, C.A e Vijayarengan, P. (2007). Alterações no crescimento, nos constituintes bioquímicos e no potencial antioxidante do rabanete (*Raphanus sativus* L.) sob stress de cobalto. *Turk. J. Biol.* 31: 127-136.

Jayasree, P. K., Sheela Evangeline Y. e Sudhir K. J. (2009). Remediação de resíduos sólidos perigosos de indústrias de titânio. Sociedade geotécnica indiana. Guntur, Índia. p. 296-300

Jianwei, W., Huang, Jianjun, C., William, R., Berti, e Scott, D. C. (1997). Fitorremediação de solos contaminados com chumbo: Role of Synthetic Chelates in Lead Phytoextraction (Papel dos quelatos sintéticos na fitoextracção do chumbo). *EnvironSci Technol.* 31 (3): 800-805.

John, P., Ahmad, P., Gadgil, K. e Sharma, S. (2009). Toxicidade de metais pesados: Effect on plant growth, biochemical parameters and metal accumulation by *Brassica juncea* L. *IntJPlantProd*.3: 65-76.

John, R., Ahmad, P., Gadgil, K. e Sharma, S. (2008). Effect of cadmium and lead on growth, biochemical parameters and uptake in *Lemna polyrrhiza* L. *Plant Soil Environ.* 54: 262- 270.

Jonnalagadda, S. B. e Nenzou, G. (1997). Estudos sobre lixeiras de minas ricas em arsénio. II. A absorção de elementos pesados pela vegetação. *JEnviron Sci Health*. 3: 455-464.

Juwarkar, A.A., Kumar, S.Y., Kumar, P. e Kumar, S.S. (2008). Efeito das lamas biológicas e da alteração do biofertilizante no crescimento da *Jatropha curcas* em solos contaminados com metais pesados. *EnvironMonitAssess*. 145: 7-15.

Kabata Pendias, A. e Pendias, H. (1991). Trace Elements in Soil and Plants (3º Edn). CRC Press. LLC. Boka Raton, FL. p. 32.

Kabata Pendias, A. e Pendias, H. (2001). Trace elements in soils. 3ª Ed. Boca Raton.

Londres, Nova Iorque, CRC Press. p 413.

Kabata-Pendias, A. e Pendias,H. (1999). Biogeochemistry ofTraceElements in(polaco) PWN. Warszawa. Polónia. P.231.

Kachout, S. S., Ben Mansoura, A., Leclerc, J.C., Mechergui, R., Rejeb, M.N. e Ouer□ ghi, Z., (2009). Efeitos de metais pesados nas atividades antioxidantes *de Atriplex hortensis* e *A. rosea.JFood AgricEnviron*. 7: 938-945.

Kadpal R. P. & Rao N. A. (1985). Alterações na biossíntese de proteínas e ácidos nucleicos em plântulas de milheto (*Elusine coracana*) durante o stress hídrico e o efeito da biossíntese de prolina. - Plant Sei. 40: 73-79.

Kagi, J. H. R. e Schaffer, A. (1988). Biochemistry of metallothionein *Biochemistry*. 27: 8509-8515.

Kaiser, W. (1976) The effect of hydrogen peroxide on CO2 fixation of isolated intact chloroplasts. Biochim. Biophys. Ata, 440, 476- 482.

Kanazawa, S., Sano, S., Koshiba, T. e Ushimaru, T. (2000). Alterações dos antioxidantes nos cotilédones de pepino durante a senescência natural: comparação com os da senescência induzida pelo escuro. *Physiol Plant*. 109: 211-216.

Karthikeyan, R e Kulakow, P. A. (2003). Interações solo-planta-micróbio na fitorremediação. *Phytoreme*. 52-74.

Kasai, Y., Kato, M., Aoyama, J. e Hyodo, H. (1998). Produção de etileno e aumento da atividade de 1 aminociclopropano-1-carboxilato oxidase durante a senescência de floretes de brócolos. *ActaHort*. 464:,.153-157.

Kasprzak, K. S. (2002). Danos oxidativos ao ADN e às proteínas na toxicidade e carcinogénese induzidas por metais. *FreeRadBiolMed*. 32: 958-967.

Kastori, R., Petrovic, N. e Arsenijevic, M. I. (1996). Efeito do chumbo nas relações hídricas, concentração de prolina e atividade da redutase do nitrato em plantas de girassol. *ActaAgron Hungarica.* 44: 21-28

Kastori, R., Plenicar, M., Sakai, Z., Pankovic, D. e Maksimovic, A.I. (1998). Efeito do excesso de chumbo no crescimento e na fotossíntese do girassol. *JPlantNutr.* 21: 75-85.

Kawashima, I., Inokuchi, Y., Chino, M., Kimura, M. e Shimizu, N. (1991). Isolamento de um gene para uma proteína semelhante à metalotioneína da soja. *Plant Cell Physiol* .32:913-916

Kaznina, N., Titov, A., Laidinen, G. e Batova ,J. (2011). Efeito do cádmio nas relações hídricas em plantas de cevada. Transação do centro de investigação da Carélia da Academia Russa de Ciências .3: 57-61.

Kenneth, E., Pallett, K.E. e Young, A.J. (2000). Carotenóides. In: Ruth GA, Hess JL (Editores) Antioxidants in higher plants. CRC Press, USA.p.254.

Conselho de Controlo da Poluição do Estado de Kerala. (2003). Relatório de um estudo sobre a presença de metais pesados nas lamas geradas na fábrica da M/s Hindustan Coca Cola Beverages Pvt. Ltd. Palakkad. (Thiruvananthapuram: Conselho de Controlo da Poluição do Estado de Kerala, setembro de 2003)

Khan, A.G., Kuek, C., Chaudhry, T.M., Khoo, C.S. e Hayes, W. J. (2000). Role of plants, mycorrhizae and phytochelators in heavy metal contaminated land remediation. *Chemosphere.* 41: 197-207.

Kidd PS, Monterroso C (2005). Extração de metais por Alyssum serpyllifolium ssp. lusitanicum em solos minados de Espanha, Science of the Total environment 336: 1-11.

Kidd, P.S., Monterroso, C. (2005). Extração de metais por *Alyssum serpyllifolium* ssp. lusitanicum em solos minados de Espanha. *Sci. TotalEnviron.* 336(1-3):1-11.

Kieffer, P., Dommes, J., Hoffmann, L., Hausman, J.F., Renaut. J. (2008). Alterações quantitativas na expressão proteica de plantas de choupo expostas ao cádmio. *Proteomics.* 8: 2514-30.

Kieffer, P., Planchon S, Oufir M, Ziebel J, Dommes J, Hoffmann L. (2009). Combinação de proteómica e análises de metabolitos para desvendar a resposta ao stress do cádmio nas folhas de choupo. *JProteomeRes.* 8: 400-17.

Kim, Y.Y., Yang, YY & Lee, Y, (2002). Absorção de Pb e Cd em raízes de arroz. *Physiologia Plantarum,* (116):368-372.

Kirkham, M.B. (2006). Cádmio em plantas em solos poluídos: Efeitos de factores do solo, hiperacumulação e emendas. *Geoderma*. 137: 19-32.

Kleizaite, V., Cesniene, T. e Rancelis, V. (2004). A utilização de morfoses de clorofila induzidas por cobalto para estudar as interações de Co2+ com cisteína e SOD. *Plant Science*. 167: 1249-1256.

Kleizaite, V, T. Cesniene, e V Rancelis (2004). Utilização de morfoses de clorofila induzidas por cobalto para estudar as interações de CO^{2+} com cistina e SOD.Plant Sci. 167,1249 -56

Koundouri, P. (2005). The economics of arsenic mitigation (A economia da mitigação do arsénio). In: Arsenic contamination of ground water in South and East Asian Countries. Relatório Técnico do Banco Mundial-II. p. 210-267.

Kovacik, J. e Klejdus, B. (2008). Dinâmica de ácidos fenólicos e acumulação de lignina em raízes de Matricaria *chamomilla* tratadas com metal. *Plant CellRep*. 27: 605-615.

Kozdroj, J. e Van Elsas, J.D. (2001). Diversidade estrutural de comunidades microbianas em solos aráveis de uma área fortemente industrializada determinada por impressão digital PCR-DGGE e perfil FAME. *Appl. SoilEcol.*, 17(1):31-42.

Kramer, U. & Clemens, S. (2005). Biologia Molecular da Homeostase e Desintoxicação de Metais. In: Topics in Current Genetics, M. Tamas, Martinoia, E., (Ed.), pp. 216-271, Springer Verlag, ISBN 978-3-642-06062-5, NewYork.

Kramer, U., Clemens, S. (2006). Funções e homeostase do zinco, cobre e níquel nas plantas. In: Molecular Biology of Metal Homeostasis and Detoxification. Springer, Berlim, Alemanha, p. 215-271.

Krishna, A.K. e Govil, P.K. (2004). Contaminação por metais pesados do solo em torno da zona industrial de Pali, Rajastão, Índia. *Environmental Geology*. 47: 38-44.

Krishna, A.K. e Govil, P.K. (2007). Contaminação do solo devido a metais pesados numa zona industrial de Surat, Gujrat, Índia Ocidental. *EnvironMonitAssesst*.124: 263-275.

Kubota, H., Satoh, K., Yamada, T. e Maitani, T. (2000). Homólogos de fitoquelatina induzidos em raízes peludas de rabanete. *Photochem*. 53: 239- 245.

Kumar, A., Vajpayee, P., Ali, M. B., Tripathi, R. D., Singh, N., Rai, U. N.e Singh, S. N. (2002). Biochemical responses of *Cassia siamea* Lamk grown on coal combustion residue (fly- ash). *Bull. Environ. Contam. Toxicol*. 68: 675- 683.

Kupper, H., Kupper, F. e Spiller, M. (1998). Deteção *in situ* de clorofilas substituídas por metais pesados em plantas aquáticas. *Photosynth. Res*. 58: 123-133.

Kupper, H., Lombi, E., Zhao, F J., Wishammer, G. e Mc Grath, S.P. (2001). Cellular compartmentation of Ni in the hyper accumulators *Allysium Iesbaniacum*, *Alyssium bertaioni* and *Tulipsgoesibgense*. *J. Exp. Bot.* 52(365):2291-2300.

Kupper, H., Lombi, E., Zhao, F. J., Wishammer, G. e Mc-Grath, S.P. (2001). Cellular compartmentation of Ni in the hyper accumulators *Allysium lesbaniacum*, *Alyssium bertaloni* and *Tulips goesibgense*. *JExp Bot.* 52(365):2291-2300.

Kuriakosa, S.V. e Prasad, M.N.V. (2008). O stress do cádmio afecta a germinação das sementes e o crescimento das plântulas em *Sorghum bicolor* (L.) Moench, alterando as actividades das enzimas hidrolisantes. *Regulação do Crescimento das Plantas*, 54: 143-156.

Kuznetsov, V.V. e Shevyakova, N.I. (1997). Respostas de stress das células de tabaco a altas temperaturas e salinidade. Acumulação de prolina e fosforilação de polipéptidos. *PhysiolPlant.* 100: 320-326.

Laemmli U. K. 1970. Clivagem de proteínas estruturais durante a montagem da cabeça do bacteriófago T4. *Nature* (Londres) **227**: 680-685.

Lai, H.Y., Chen, Z.S.(2009). Seleção *in-situ* de plantas adequadas para a fitorremediação de locais contaminados com vários metais no centro de Taiwan. *Inter JPhytoremed.* 11: 235 250.

Landberg, T. e Greger, M. (1996). Differences in uptake and tolerance to heavy metals in Salix from unpolluted and polluted areas. *Applied Geochem.* 11(1-2):175-180.

Landrigan, P.J. (1999). Avaliação de riscos para crianças e outras populações sensíveis. *Ann NYAcadSci.* 895: 1-9.

Lane, B., Kajoika, R. e Kennedy, T. (1987). A proteína Ec do germe de trigo é uma metalotioneína contendo zinco. *Biochem CellBiol.*65:1001-1005.

Larcher, W. (2003). Plantas sob stress. In: *Physiological Plant EcologyEcophysiology and Stress physiology of Functional Groups.* 4th Edition, Springer-Verlag, Berlin Heidelberg, Alemanha. p. 345-450.

Larsson, E.H., Bomman, J.F. e Asp, H. (1998).Influência da radiação UV-B e do stress de Cd na fluorescência da clorofila, no crescimento e no teor de nutrientes em *Brassica napus*. *J.Expt. Bot.* 49(323): 1031-1039.

Laspina, N.V, Groppa, M..D, Tomaro, M.L e Benavides, M.P. (2005). O óxido nítrico protege as folhas de girassol contra o stress oxidativo induzido por Cd. Plant Sci. 169:323-330.

Lathika, C. e Sujatha, M..P, (2015). Adequação dos compostos de resíduos urbanos para a agricultura orgânica: - Uma avaliação através da abordagem baseada em índices de qualidade em Kerala, Índia. IOSR *J Environ Scien*, Toxicologia e Tecnologia Alimentar (IOSR-JESTFT) ISSN. 9(4 III): 2319-2399.

Lattanzio, V., Kroon, P.A, Quideau, S. e Treutter, D. (2008). Fenólicos vegetais - metabolitos secundários com diversas funções. In: Daayf F, Lattanzio V (Editores). Recent advances in polyphenol research. vol 1. Wiley-Blackwell, Oxford. p 1-35.

Lavid, N., Schwartz, A., Yarden, O. e Tel-Or, E. (2001). Theinvolvement ofpolyphenols and peroxidase activities in heavy metal accumulation by epidermal glands of the waterlily (Nymphaeaceae). *Planta.* 212: 323-331.

Ledger, S.E. e Gardner, R.C. (1994). Clonagem e caraterização de cinco cDNAs para genes diferencialmente expressos durante o desenvolvimento de frutos de kiwis (*Actinia deliciosa* var. deliciosa). *PlantMolBiol.* 25: 877-886.

Leeper, G.W. (1978). Managing the Heavy Metals on the Land (Gerir os metais pesados na terra). Marcel Dekker, Inc. Nova Iorque p. 121.

Leonard, S.S., Harris, G.K. e Shi, X.L.(2004). Stress oxidativo induzido por metais e transdução de sinal. *Free RadBiolMed.* 37: 1921-42.

Leopold, I., Gunther, D., Schmidt, J. e Neumann, D. (1999). phytochelatins and heavy metal tolerance. *Phytochem.* 50: 1323- 1328.

Leumann, C.D., Rammelt, R. e Gupta, S.K. (1995). Remediação do solo por plantas: Possibilidades e limitações. (Em alemão.) Agrarf orschung (Suíça). 2: 431-434.

Liao, X.Y., Chen, T.B., Xie, H., Liu, Y.R. (2005). Contaminação do solo por As e sua avaliação de risco em áreas próximas aos distritos industriais da cidade de Chenzhou, sul da China. *EnvironInt.* 31:791-8.

Lichtenthaler, H.K. (1996). Uma introdução ao conceito de stress nas plantas. *JPlant Physiol* 148:4-14.

Linger, P., Mossig, J., Fischer, H. e Kobert, J. (2002). Cânhamo industrial. (*Cannabis sativa* L.) crescendo em solo contaminado com metais pesados: qualidade da fibra e potencial de fitorremediação. *Indian .Crops Prod.* 16: 33-42.

Linger, P., Ostwald, A. e Haensler, J. (2005) *Cannabis sativusa* L., crescendo em solo contaminado com metais pesados: Crescimento, absorção de cádmio e fotossíntese. *Biol. Plant.* 49: 567-576.

Liu, Y. (2006). A redução das terras aráveis está a pôr em risco a segurança alimentar da China. China Watch, 18 de abril.

Liu, Z., He, X., Chen, W., Yuan, F., Yan, K. e Tao, D. (2009) Caraterísticas de acumulação e tolerância do cádmio num potencial hiperacumulador - Lonicera japonica Thumb. *HazardousMaterials*. 10: 81-97.

Lokeshwari, H. e Chandrappa, G.T. (2006). Impacto da contaminação por metais pesados do Lago Bellandur no solo e na vegetação cultivada. *Curr Sci*. 91(5): 622-628.

Lombi, E., Zhao, F.J., Dunham, S.J., (2000). Acumulação de cádmio em populações de Thlaspi caerulescens e Thlaspi goesingense. *New Phytologis*. 145(1):11-20.

Lowry, O.H. (1951). Proteinmeasurementwithphenol reagent. *J.Biol. Chem.***193** : 265-275

Maestri, E., Marmiroli, M., Visioli, G. e Marmiroli, N. (2010). Tolerância e hiperacumulação de metais: Custos e trade-offs entre caraterísticas e ambiente. *Environ Exp Bot*. 68: 1-13.

Maksymiec, W. (2007). Respostas de sinalização em plantas ao stress de metais pesados. *Ata Physiol Plant*. 29: 177-187.

Malajczuk, N. e Dell, B. (1995). Os metais pesados nos solos das Filipinas afectam o crescimento e o estabelecimento das árvores. *ACIR-For. News Letter*. 18: 2-3.

Malik, C.P. e Singh, M. B.; (1980). Plant Enzymology and Histoenzymology: Atext manual. Publicações Kalyani, Nova Deli. P. 50

Malkowski, E., Kitta, A., Galas, W., Karcz, W. e Kuperberg, M. J. (2002). Distribuição de chumbo em plântulas de milho (*Zea mays* L.) e seu efeito sobre o crescimento e as concentrações de potássio e cálcio. *Plant Growth Regul*.37: 69-76.

Mangkoedihardjo, e Surahmaida, S. (2008). *Jatropha curcas L*. para fitorremediação de solos poluídos com chumbo e cádmio. *Revista Mundial de Ciências Aplicadas*. 4 :519-522.

Mansour, M.M.F. (2000). Compostos contendo nitrogénio e adaptação das plantas ao stress da salinidade. *Biol. Plant*. 43: 491 -500.

Margoshes, M. e Vallee, B.L. (1957) A cadmium protein from equine kidney cortex, *J Am ChemSoc*. 79:4813-4814.

Mayr, V. Treutter, D., Santos Buelga, C., Bauer, H e Feucht, W. (1995). *J.Phytochem*.38 (5):1151-1155

McCarthy, I., Romero-Puertas, M.C., Palma, J.M., Sandalio, L.M., Corpas, F.J., Gomez, M. e Delryo, L.A. (2001). O cádmio induz sintomas de senescência em peroxissomas foliares de plantas de ervilha. *Plant Cell. Environ*. 24, 1065-1073.

McGrath, S., Zhao, F.e Lombi, E. (2001). Processos da planta e da rizosfera envolvidos na fitorremediação de solos contaminados com metais. *PlantSoil.* 232(1-2): 207-214.

McKeehan, P. (2000). Brownfields: The Financial, Legislative and SocialAspects of the Redevelopment of Contaminated Commercial and Industrial Properties.

Meagher, R.B. (1998). Fitorremediação: Uma tecnologia acessível para restaurar terras marginais no século 21st . http://www.1sc.psu.edu/nas/Panelists/ Meagher%20comment.html.

Meera, D., Sanal Kuma, rM.G., Sherly, P. e Anand, A. (2015). Estudo sobre as caraterísticas hidroquímicas dos ecossistemas lênticos de água doce na área industrial de Chavara, costa sudoeste da Índia. *InteJScien Rese Pub.* 5(12): 2250-3153.

Meers, E., Vaudecasteele, B., Ruttens, A., Vangrousveld, J. e Tack, F. M. G., (2007). Potencial de cinco espécies de Willo (Salix spp.) para a fitoextracção de metais pesados. *Environ. Exp. Bot.* 60: 57-68.

Mei, B., Puryear, J.D.e Newton, R.J. (2002). Avaliação da tolerância e acumulação de Cr em espécies vegetais selecionadas. *PlantSoil.* 247: 223 -31.

Mellem, J. J. (2008). Fitorremediação de metais pesados usando *Amarantus dubius.* Tese de mestrado da Universidade de Tecnologia de Durban, Durban, África do Sul. 78 - 88.

Memon, A. R. e Schroder, P. (2009). Implicações dos mecanismos de acumulação de metais para a fitorremediação. *Environ Sci Pollut Res.* 16:162-175.

Meyer, A.J. (2008). A integração da homeostase da glutationa e da sinalização redox. *J PlantPhysiol.* 165: 1390-1403.

Mganga, N., Manoko, M. L. K. e Rulangaranga, Z. K. (2011). Classificação de plantas de acordo com o seu conteúdo de metais pesados em torno da mina de ouro de mara do norte, Tanzânia: Im☐ plicationforphytoremediation. *TanzaniaJScien.*,37: 109-119.

Michalak, A. (2006). Compostos fenólicos e sua atividade antioxidante em plantas que crescem sob stress de metais pesados. *PolishJEnvironlStud.* 15(4): 523-530.

Michalak, A. (2006). Compostos fenólicos e sua atividade antioxidante em plantas que crescem sob stress de metais pesados. *PolishJEnviron Stud.* 15: 523-530.

Michalak, A.E. e Wierzbicka, M. (1998). Diferenças na tolerância ao chumbo entre plantas *de Allium cepa* que se desenvolvem a partir de sementes e bolbos. *PlantSoil.*199: 251-2

Middleton EM, TeramuraAH (1993) The role of flavonol glycosides and carotenoids in protecting soybean from UV-B damage. Plant Physiol. 103:741

Miranda, J.R., Thomas, M.A., Thurman, D.A. e Tomsett, A.B. (1990). Genes de metalotioneína da planta com flor Mimulus guttatus. FEBS Lett.260:277-280.

Mishra, S., Srivastava, S., Tripathi, R. D., Govinindarajan, R., Kuriakose, S. V. e Prasad, M. N. V. (2006). Síntese de fitoquelatina e resposta de antioxidantes durante o stress de cádmio em *Bacopa monnieri* L. *PlantPhysioLBiochem*.44: 25- 37.

Mishra, S., Srivastava, S., Tripathi, R. D., Govinindarajan, R., Kuriakose, S. < V. e Prasad, M. N. V. (2006) Síntese de fitoquelatina e resposta de antioxidantes durante o stress de cádmio em *Bacopa monnieri* L. *Plant.Physiol. Biochem*.44: 25- 37.

Mittler, R. (2002). Stress oxidativo, antioxidantes e tolerância ao stress. *Trends in Plant Scien.* 7: 405-410.

Mittler, R. e Zilinskas, B.A. (1992) Molecular cloning and characterization of a gene encoding pea cytosolic ascorbate peroxidase. J. Biol. Chem. 267, 21 802-21 807.

Monteiro, M.S., Santos, C., Soares, A., Mann, R.M. (2009). Avaliação de biomarcadores de stress de cádmio em alface. Ecotoxicol Environ Saf72: 811-818.

Moodley, K. G., Baijnath, H., Southway-Ajulu, F. A., Maharaj, S. e Chetty, S. R. (2007). Determinação de Cr, Pb e Ni na água, lamas e plantas das lagoas de decantação de uma estação de tratamento de águas residuais. Water SA 33: 723- 728.

Moore, S., & Stein, W. H. (1948). Em S. P. Colowick & N. D. Kaplan (Eds.), Methods in enzymology NewYork: Academic.3 :468 pp.

Moral, R., Pedreno, J. N., Gomes, I. e Mataix, J. (1995). Efeitos do crómio no teor de elementos nutritivos e na morfologia do tomate. *J. PlantNutr* .18: 815-822.

Morgan, J., Klucas, R.V., Grayer, R.J., Abian, J., Becana, M. (1997).Complexos de ferro com compostos fenólicos de nódulos de soja e outros tecidos de leguminosas: propriedades próoxidantes e antioxidantes. *Free Radic BiolMed.* 22:861

Mourato, M. P., Moreira, N. I., Inrs Leitão, Filipa, R. Pinto, Joana, R., Sales e Luísa, L. M. (2015). Efeito de Metais Pesados em Plantas do Género Brassica. 16: 17975-17998

Mourato, M., Reis, R. e Martins, L. L. (2012). Characterization of plant antioxidative system in response to abiotic stresses: a focus on heavy metal toxicity, in Advances in SelectedPlantPhysiology Aspects, G. Montanaro and B. Dichio, Editors., InTech. Viena, Áustria. p. 23-44.

Murphy, A. e Taiz, L. (1995). Comparação da expressão do gene da metalotioneína e dos tióis não proteicos em 10 ecótipos de Arabidopsis - correlação com a tolerância ao cobre.

PlantPhysiology. 109: 945-954.

Murphy, A., Zhou, J.M., Goldsbrough, P.B. e Taiz, L. (1997). Purificação e identificação imunológica de metalotioneínas 1 e 2 de *Arabidopsis thaliana. Plant Physiology* 113: 1293-1301.

Muthuchelian, K., Bertamini, M. e Nedunchezhian, N. (2001). O triacontanol pode proteger a *Erythrina variegata* da toxicidade do cádmio. *PlantPhysiol*.158: 1487-1490.

Nagaraju, A. and Karimulla, S. (2002) Accumulation of elements in plants and soils in and around Nellore mica belt, A P: India a biogeochemical study. *Environ. Geol.* 41:852-860.

Nakano Y, Asada K (1981) Hydrogen peroxide is scavenged by ascorbate specific peroxidase in spinach chloroplasts. Plant Cell Physiol 22: 867-880

Needleman, H. L. e Bellinger, D. (1991.) The health effects of low level exposure to lead. *Annu. Rev. Publ. Health.* 12:111-40.

Nehnevajova, E., Lyubenova, L., Herzig, R., Schroder, P., Schwitzgudbel, J.P, Schmfilling, T. (2012). Acumulação de metais e resposta de enzimas antioxidantes em plântulas e mutantes de girassol adultos com caraterísticas melhoradas de remoção de metais num solo contaminado por metais. *Environ Exp Bot.*76:39-48.

Nikolopoulos D. & Manetas Y. (1991) Compatible solutes and in vitro stability of Salsola soda enzymes: proline incompatibility. - Phytochem. 30: 411-413.

Nriagu, J.O. (1988). Produção e utilização do crómio. Chromium in Natural and Human Environment. NewYork, USA. JohnWiley and Sons. p. 81-105.

Nunez, M., Mazzafera, P., Mazorra, L.M., Siqueira, W.J. e Zullo, M.A.T. (2003). Influência do análogo de brassinosteróide sobre as enzimas antioxidantes em arroz cultivado em meio de cultura com NaCl. *Biol Plant.* 47: 67-70.

Nunez, M., Mazzafera, P., Mazorra, L.M., Siqueira, W.J. e Zullo, M.A.T. (2004). Influência do análogo de esteroide brassino sobre enzimas antioxidantes em arroz cultivado em meio de cultura com NaCl. *Biologia Plantarum.* 47: 67-70.

Ogunyemi, S., Bamgbose, O. O., Awodoyin, R.O. (2003). Contaminação por metais pesados de alguns vegetais de folha que crescem na metrópole de Ibadan, no sudoeste da Nigéria. Tropical Agricultural Research and Extension. 6:71-76.

Ogweno, J.O., Song, X.S. Shi, K.,Hu, W.H, Mao, W.H.,Zhou, Y.H., Yu, J.Q. eNogue's, S. (2008). Os brassinosteróides aliviam a inibição da fotossíntese induzida pelo calor, aumentando a eficiência da carboxilação e melhorando os sistemas antioxidantes em *Lycopersicon esculentum. JPlant Growth Regul.* 27: 49-57.

Okuma, E., Soeda, K., Tada, M. e Murata, Y. (2000). A prolina exógena atenua a inibição do crescimento de células cultivadas de *Nicotiana tabacum* em condições salinas. *SoilSciPlantNutr.* 46: 257-63.

Okumura, N., Nishizawa, N.K., Umehara, Y. e Mori S.(1991). Um cDNA específico de deficiência de ferro de raízes de cevada com dois domínios MT homólogos ricos em cisteína. PlantMol Biol.17:531-533.

Olah, V., Lakatos, G., Bertok, C., Kanalas, P., Szollosiz, E., Kis, J. e Meszaros, I. (2010). O stress de curto prazo do crómio (VI) induz diferentes respostas fotossintéticas em duas espécies de lentilha-d'água, *Lemna gibba* L. e *Lemna minor* L. *Photosynthetica.* 48: 513-520.

Ozdemir, F., Bor, M., Demiral, T. e Turkan, I. (2004). Efeitos do 24-epibrassinolide na germinação de sementes, crescimento de plântulas, peroxidação lipídica, teor de prolina e sistema antioxidativo do arroz (Oryza sativa L.) sob stress salino. *Regulação do crescimento das plantas.* 42: 203-211.

Ozdener, Y. e Kutbay, H.G. (2011). Respostas fisiológicas e bioquímicas das folhas de *Verbascum Wiedemannianum* Fisch e May. ao cádmio. *Pakistan J Bot.* 43: 1521-1525.

Padmaja, K., Prasad, D.D.K., Prasad, A.R.K., (1990). Inibição da síntese de clorofila em *Phaseolus vulgaris* Seedlings por acetato de cádmio. *Photosynthetica.* 24 : 399-405

Pal, M., Horvath, E., Janda, T., Paldi, E. e Szalai, G. (2006). Alterações fisiológicas e mecanismos de defesa induzidos pelo stress de cádmio no milho. *Plant Nutr Soil Sci.*169: 239-246.

Palma, J.M., Sandalio, L.M., Javier Corpas, F., Romero-Puertas, M.C., McCarthy, I., del Rio, L.A., (2002). Degradação de proteínas de proteases vegetais e stress oxidativo: papel dos peroxissomas. *PlantPhysiol. Biochem.* 40:521-530.

Panda, S. K. (2007). Stress oxidativo mediado pelo crómio e alterações ultra-estruturais nas células da raiz de plântulas de arroz em desenvolvimento. *Plant.Physiol.*164: 1419-1428.

Panda, S., Provencio, I., Tu, D.C., Pires, S.S., Rollag, M.D., Castrucci, A.M., Pletcher, M.T., Sato, T.K., Wiltshire, T., Andahazy, M., et al. (2003). Science 301, 525-527.

Panda, S.K. e Choudhury, S. (2005). Stress de crómio em plantas. *Braz. J Plant Physiol.*17: 95-102.

Panda, S.K. e Parta, H.K. (1997). Physiology of chromium toxicity in plants- A review, *Plant Physiol Biochem.* 24(1):10-17.

Panda, S.K., Choudhury, I. e Khan, M.H. (2000). Os metais pesados induzem a peroxidação lipídica e afectam os antioxidantes nas folhas de trigo. *Biol. Plant.* 46:289-294.

Pareek, A., Singla, S.L. e Grover, A. (1997). Salinidade de curto prazo e stress de alta temperatura associados a alterações ultra-estruturais em células de folhas jovens de *Oryza saliva* L. *Ann. Bot.* 80: 629-639.

Parmar, G., Chanda, V., (2005). Efeitos do mercúrio e do crómio nas enzimas peroxidase e IAA oxidase nas plântulas de *Phaseolus vulgaris*. Turk. J. Biol. Vol. 29, 15-21.

Pathre, U. V., Sinha, A. K., Shirke, P. A. e Rande, S. A. (2004). Diurnal and seasonal modulation of sucrose phosphate synthase activity in leaves of *Prosopis Juliflora*. *Biol. Plant.* 48: 227-235.

Peralta, J.R., Gardea, Torresdey, J.L., Tiemann, K.J., Gomez, E., Arteaga, S. e Rascon, E. (2001). Absorção e efeitos de cinco metais pesados na germinação de sementes e no crescimento de plantas em alfafa (Medicago sativa) L. B. *Environ Contam Toxicol.* 66 (6): 727-34.

Pesci, P e Reggiani, R. (1992.) O processo de acumulação de prolina induzido pelo ácido abscísico e os níveis de poliaminas e compostos de amónio quaternário em folhas de cevada hidratadas. *Physiol Plant.* 84: 134-139

Pichtel, J. Kuroiwa, K. e Sawyerr, H T. (1999). Distribuição de Pb, Cd e Ba em solos e plantas de dois locais contaminados. *Environ. Poll.* 110:171-178.

Piechalak, A., Tomaszewska, B., Baralkiewicz, D. e Malecka, A. (2002). Acumulação e desintoxicação de iões chumbo em leguminosas. *Phytochem.* 60:153-162.

Pilon-Smits, E. (2005) Phytoremediation. *Annu. Rev. PlantBiol.* 56: 15-39.

Pinto A P, Mota A M, devarennes A Pinto (2004) Influência da matéria orgânica na absorção de Cádmio, Zinco, Cobre e Ferro por Plantas de Sorgham Sci Tot Environ 326 239-246

Pinto, E., Sigaud-Kutner, T. C. S., Leitao, M.A.S., Okamoto, O.K., Morse, D. e Colepicolo, P. (2003). Stress oxidativo induzido por metais pesados em algas. *JPhycol.* 39: 1008-1018.

Pollard, A J. (1980). Diversidade da tolerância aos metais em *Plantago lanceolata* L. do sudeste dos Estados Unidos. *New Phytol.* 86: 109-117.

Polle, A., Otter, T. e Sandermann, H.J. (1997). Biochemistry and physiology oflignin synthesis. In: Rennenberg H, Escherich W, Ziegler H (Editores) Trees: Contribuições para a fisiologia moderna das árvores. Backhuys Publishers, Países Baixos.p.324.

Posmyk, M. M., Kontek, R. e Janas, K. M. (2009). Atividade das enzimas antioxidantes e teor de compostos fenólicos em plântulas de couve-roxa expostas ao stress do cobre. *Ecotoxicol. Environ. Saf.* 72: 596-602.

Prasad, M. N. V. (2001). Metals in the environment: analysis of biodiversity, Nova Iorque, MarcerDekker. p.504.

Prasad, M. N. V. (2001). Metais no ambiente: análise da biodiversidade. Nova Iorque, Marcer Dekker. p.504.

Prasad, M. N.V. e Freitas, H. (2000). Remoção de metais tóxicos da solução aquosa pela biomassa de folhas, caules e raízes de *Quercus ilex*. *Environ. Pollut.* 110(2):277-283

Prasad, M. N.V e Freitas, H. (2003). Hiperacumulação de metais em plantas. *Electron J Biotechnol.* 93(1):285-321.

Prasad, M.N. (1997). Trace metals In: Prasad MN (Editores) Plant Ecophysiol, wiley, Newyork, 207-249

Prasad, M.N.V. (2004). Stress de metais pesados nas plantas. From biomolecules to ecosystems.

Narosa Pub. House. p.462.

Prasad, M.N.V. e Strzalka, K. (1999). Impacto dos metais pesados na fotossíntese. In: Prasad MNV, Hagemeyer J (Editores) heavy metal stress in plants: from molecules to ecosystems. Spring, Berlin.p.56.

Prasad, M.N.V., Freitas, H., (1999). Estratégias biotecnológicas e de biorremediação viáveis para solos de serpentina e resíduos de minas. Revista Eletrónica de Biotecnologia 2, 36±50.

Prasad, T.K. (1996). Mechanisms of chilling-induced oxidative stress injury and tolerance in developing maize seedlings: changes in antioxidant system, oxidation of proteins and lipids, and protease activities. Plant J 10: 1017-1026.

Preeti Pandey Pant, Tripathi, A.K. e Vivek, D. (2011). Efeito de Metais Pesados em Alguns Parâmetros Bioquímicos de Mudas de Sal (*Shorea robusta*) em Nível de Viveiro, Doon Valley, Índia. *JAgri Sci.* 2(1): 45-51

Puertas RMC, Corpas FJ, Sandalio LM, Leterrier M, RodrLguez-Serrano M, del RLo LA, Palma JM. 2006. Glutationa redutase de folhas de ervilha: resposta ao stress abiótico e caraterização da isoenzima peroxisomal. NewPhytol. 170:4352.

Puertas Romero, M.C., Corpas, F.J., Rodriguez-Serrano, M., Gomez, M., del Rio, L.A. e

Sandalio, L.M. (2007). Expressão diferencial e regulação de enzimas antioxidativas pelo cádmio em plantas de ervilha. *(2* 164: 1346-1357.

Pulford, I. D., Watson, C. e McGregor, S. D. (2001). Absorção de crómio pelas árvores: perspectivas de fitorremediação. *Environ GeochemHealth.* 23: 307-311.

Punz, W. F. e Sieghardt, H. (1993). A resposta de raízes de espécies de plantas herbáceas a metais pesados. *Environ. Exp. Bot.* 33: 85-98.

Qiu, R.,Fang, X.,Tang, Y.,Du, S.,Zeng,X. eBrewer,E. (2006). Hiperacumulação e absorção de zinco por *Potentilla griffithii* Hook. *InterJPhytorem.* 8: 299-310.

Queiroz C, Ribeiro da Silva AJ, Lopes ML, Fialho E, Valente-Mesquita VL.(2011). Atividade da polifenoloxidase, composição de ácidos fenólicos e escurecimento em maçã de caju (*Anacardium occidentale* L.) após processamento. *Food Chem.* 125:128-32.

Qureshi, M.I., Israr, M., Abdin, M.Z. e Iqbal, M. (2005). Respostas *de Artemisia annua* L. ao stress oxidativo induzido pelo chumbo e pelo sal. *Environ Exp Bot.* 53:185-193

Rai, V., Vajpayee, P., Singh, S. N. e Mehrotra, S. (2004). Efeito da acumulação de crómio nos pigmentos fotossintéticos, no sistema de defesa contra o stress oxidativo, na redução de nitratos, no nível de prolina e no teor de eugenol de *Ocimum tenuiiflorum* L. *Plant Science.* 167: 1159-1169.

Rai, V., Vajpayee, P., Singh, S. N. e Mehrotra, S. (2004) Effect of chromium accumulation on photosynthetic pigments, oxidative stress defense system, nitrate reduction, proline level and eugenol content of *Ocimum tenuiiflorum* L. *Plant Science.* 167: 1159- 1169.

Rai, U.N., Tripathi, R.D., Vajpayee, P., Pandey, N., Ali, M.B. e Gupta, D.K. (2003). Acumulação de cádmio e sua fitotoxicidade em *Potamogeton pectinatus* L. (Potamogetonaceae). *Bull. Environ. Contam. Toxicol.*70**:**566-575.

Rai, U.N., Tripathi, R.D., Vajpayee, P., Pandey, N., Ali, M.B. e Gupta, D.K. (2003). Acumulação de cádmio e sua fitotoxicidade em *Potamogeton pectinatus* L. (Potamogetonaceae). Bull. Environ. Contam. Toxicol. 70:566-575.

Rajakaruna, N., Tompkins, K. e Pavicevie, P. G. (2006). PhytoremediatiomAn affordable grren technology for the clean up of metal contamination in Sri Lanka. *Cey.J.Sci.(Bio.Sci.)* 35(1):25-39.

Rao, L. M. e Patnaik, M.S. (1999). Acumulação de metais pesados no peixe-gato *Mystus vittvatus* (Bloch) do riacho Mehadrigedda de Vishakhapatnam, Índia. *Environmedia.* 19(13): 325-329

Rasico, N., Veechia, F.T., Ferretti, M., Merlow, L. e Ghisi, R. (1993). Alguns efeitos do cádmio no milho. *PlantArch. Environ. Contam. Toxicol.*25: 244-249.

Rastgoo, L. A., Alemzadeh, e Afsharifar, A. (2011). Isolamento de duas novas isoformas que codificam a P1BATPase transportadora de zinco e cobre de Gouan (*Aeluropus littoralis*). *Plant OmicsJ*, 4 (7):377-383.

Rauser WE (1995) Phytochelatins and related peptides: structure, biosynthesis, and function. Fisiologia Vegetal 109: 1141-1149

Rauser, W. E., (1999). Estrutura e função dos quelantes de metais produzidos pelas plantas. O caso dos ácidos orgânicos, aminoácidos, fitina e metalotioneínas. *Cell Biochem Biophys.* 31:19-48.

Rauser, W.E. (1999). Estrutura e função dos quelantes de metais produzidos pelas plantas: o caso dos ácidos orgânicos, aminoácidos, fitina e metalotioneínas. *Cell Biochem Biophys.* 31: 19-48.

Ravindra, B.M. e Vijayakumar, S. (2009). Role oftransgenic plants in phytoremediation: applications, current status and future prospectives. *J. Phytol. Res.* 22(1):1-12.

Reddy, A.R., e Raghavendra, A.S., (2006), Photooxidative stress, em Rao, K.V.M., Raghavendra, A.S., Reddy, K.J., eds., Physiology and Molecular Biology of Stress Tolerance in Plants, Springer-Netherlands, pp. 157-186.

Reid, S.J. e Ross, G.S. (1997). Regulação positiva de dois clones de cDNA que codificam proteínas semelhantes à metalotioneína em frutos de maçã durante o armazenamento refrigerado. *Physiol Plant.* 100: 183-189.

Remya, K. e Jaya, D. S. (2013). Impacto dos efluentes industriais nas caraterísticas hidroquímicas do estuário de Kayamkulam, costa sudoeste da Índia. *J Industrial Pollution Control.*2(3).30-35.

Reynolds M.P., Ortiz-Monasterio J.I., e McNab A. (2001).Application of Physiology in WheatBreeding. México, D.F. CIMMYT (Editores.). In:edn .p.246.

Rice-Evans, C. A., Miller, N. J. e Paganga, G. (1997). Propriedades antioxidantes dos compostos fenólicos. *TrendsPlantSci.* 2: 152.

Robinson, B.H., Leblanc, M., Petit, D., (1998). O potencial de *Thlaspi caerulescens* para a fitorremediação de solos contaminados. *PlantSoil.* 203(1):47-56.

Robinson, N. J., Tommey, A.M., Kuske, C. e Jackson, P.J. (1993). Plantmetallothioneins. *BiochemJ.* 295: 1-10

Robinson, N.J., Tommey, A.M., Kuske, C. e Jackson, P.J. (1993). Plant metallothioneins. *Biochem J.* 295:1-10.

Roe J H (1955), The determination of dextran in blood and urine with anthrone reagent. *J. Biol. Chem.* **92**: 889-896.

Romero-Puertas, M.C., Rodriguez-Serrano, M., Corpas, F.J., Gômez, M., del Rio, L.A. e Sandalio, L.M. (2004). Cdinduced subcellular accumulation of $O2$ and H O_{22} in pea leaves. *Plant Cell. Environ.* 27: 1122-1134.

Rout, G. R., Samantaray S. e Das, P. (1997). Diferentes tolerâncias ao crómio entre oito cultivares de feijão mungo cultivadas em cultura de nutrientes. *J. PlantNutr.* 20: 341-347.

Rout, G.R. e Samantaray, S. (1997). Das P. Differential chromium tolerance among eight mungbean cultivars grown in nutrient culture. J Plant Nutr. 20:473 - 83.

Rout, G.R., Samantaray, S. e Das, P. (2001). Toxicidade do alumínio nas plantas: uma revisão. Agronomie 21: 3-21.

Rout, J.R. e Sahoo, S.L. (2013) Expressão do gene da enzima antioxidante em resposta ao stress de cobre em *Withania somnifera* L. *Plant Growth Regni.* 71:9.

Ruiz J.M., Garcia P.C., Rivero R.M., RomeroL. (1999). Resposta do metabolismo fenólico à aplicação de carbendazim mais boro em tabaco. *Physiologia Plantarum*, 106: 151-157.

Saffar, M.B. Bagherieh Najjar e Mianabadi,.M (2009). Atividade das Enzimas Antioxidantes em Resposta ao Cádmio em *Arabidopsis thaliana. JBiolo Scien*, 9: 44-50.

Saint-Laurent,D.,Hahni,M., St-Laurent, J. eBaril,F. (2010). ComparativeAssessment of Soil Contamination by Lead and Heavy Metals in Riparian and Agricultural Areas (Southern Québec, Canada). *InterJEnvironResePublicHealth.* 7: 3100-3114.

Salati, E., Eneida, S. e Salati, E. (1999). Projetos de áreas úmidas desenvolvidos no Brasil. *Ciência e Tecnologia da Água.* 40: 19.

Salisbury, E.J., (1927). Sobre as causas e o significado ecológico da frequência dos estomas, com especial referência à flora da floresta. Philos. Trans. R. Soc. London B216, 1-65.

Salt, D.E. and Rauser, W.E. (1995) Mg ATP-dependent transport of phytochelatins across the tonoplast of oat roots. *Plant Physiol.* 107:1293-1301.

Salt, D E., Blaylock, M., Kumar N. P.B.A., Dushenkov,V. Ensley, B D., Chet, I. e Raskin, I. (1995). Phytoremediation: ANovel Strategy for the Removal of Toxic Metals from the Environment Using Plants. *Nature Biotech.* 13:468 - 474.

Salt, D.E. e Rauser, W.E. (1995). Transporte de fitoquelatinas dependente de Mg ATP através do tonoplasto de raízes de aveia. Plant Physi. 107: 293-301.

Salt, D.E., Smith, R.D. e Raskin, I. (1998). Phytoremediation. *Ann Rev Plant Physiol PlantMolBiol.* 49: 643-668.

Salvatore, M.D., Carafa, A.M., Carratù, G. (2008). Avaliação da fitotoxicidade de metais pesados utilizando testes de germinação de sementes e de alongamento de raízes: Uma comparação de dois substratos de crescimento. *Chemosphere.* 73: 1461-1464.

Samantaray, S. (2002). Respostas bioquímicas de cultivares de feijão mungo tolerantes e sensíveis ao Cr cultivadas em níveis variáveis de crómio. *Chemosph.*47:1065 - 72

Sanger F, Nicklen S, Coulson AR (1977) Sequenciação de ADN com inibidores de terminação de cadeia. Proc Natl Acad Sci USA 74: 5463-5467.

Sanita di Toppi, L. e Gabbrielli, R. (1999). Resposta ao cádmio em plantas superiores. *Environ. Exp. Bot.*12:105-130.

Sankar Ganesh, K., Baskaran, I., Rajasekaran, S., Sumathi, A.L.A., Chidambaram, P. e Sundaramoorthy. (2008). Alterações induzidas pelo stress do crómio no metabolismo bioquímico e enzimático em plantas aquáticas e terrestres. *Colloids and Surfaces B: Biointerfaces.* 63:159-163.

Santos, M.A., Camara, R., Rodriguez, P., Glaparols, I., Tome, J.M. (1996). Influência de calos exógenos de milho sujeitos a stress salino. *Plant Cell Tissue Organ Cult.* 47:59-65.

Saradhi, A., Saradhi, P.P. (1991). Acumulação de prolina sob stress de metais pesados. *J. Plant Physiol.* 138, 554-558.

Saradhi, P.P., AliaArora, S., Prasad, K.V.S.K. (1995). A prolina acumula-se em plantas expostas à radiação UV e protege-as contra a peroxidação induzida por UV. *Biochem Biophys Res Commun.* 209: 1-5.

Sarvajeet. S.G. e Narendra, T. (2010). Espécies reactivas de oxigénio e maquinaria antioxidante na tolerância ao stress abiótico em plantas cultivadas. *PlantPhysi Biochem.* 48: 909-930

Sativir, K.A., K. Gupta, N. Kaur. (2000). Effect of GA3, Kinetin and indol acetic acid on carbohydrate metabolism in chickpea seedlings germinating under water stress. PlantGrowthRegul. 30: 61-70.

ScandaliosJG, (1997). Moleculargenetics of superoxide dismutases in plants. In: Scandalios JG, ed. Oxidative Stress and the Molecular Biology of Antioxidant Defenses. Cold Spring Harbor, NY, EUA: Cold Spring Harbor Uaboratory Press, 527-68.

Schmidt, U. (2003). Melhorar a fitoextracção: The effects of chemical soil manipulation on mobility, plant accumulation and leaching of heavy metals. *J.Environ. Qual.* 32:1939-1954.

Schnoor, J. U. (1997). Phytoremediation, Universidade de Uowa, Departamento de Engenharia Civil. 1:62.

Schutzendubel, A. e Polle A. (2002). Cádmio e H O_{22} -induced oxidative stress in *Populus canescens* roots. *PlantPhysiolBiochem.* 40: 577-584.

Schutzendubel, A. e Polle, A. (2002). Plant responses to abiotic stresses: heavy metal-indduced oxidative stress and protection by mycorrhization. J Exp Bot. 53(372): 1351-1365.

Schwartz, C., Echevarria G. e Morel, J.U. (2003). Fitoextracção de cádmio com Thlaspi caerulescens. Plant Soil, 249, 27-35.

Schwartz, C., Echevarria, G. e Morel, J.U. (2003). Fitoextracção de cádmio com *Thlaspi caerulescens. PlantSoil.* 249(1):27-35.

Scoccianti, V., Crinelli, R., Tirillini, B., Mancinelli, V. e Speranza, A. (2006). Absorção e toxicidade do Cr(III) em plântulas de aipo. *Chemosph.* 64: 1695-1703.

Shah, K., Penel, C., Gagnon, J. e Dunand C. (2004). Purificação e identificação de uma peroxidase de ligação de Ca^{2+} -pectato de folhas de Arabidopsis, Phytochemi. 6.5:307-312.

Shankar, N., Garg, S. K. e Srivastava, H. S. (2000). The influence of low nutrient pH on nitrate assimilation and nitrate reductase activity in maize seedlings. *Plant Physiol.* 156: 678- 683

Shankar, Venkatesh, Amy K. Smith, e Arvind Rangaswamy (2003), "Customer satisfaction and loyalty in online and offline environments," International Journal of Research in Marketing, 20(2), 153-75

Shanker, A.K. (2003). Aspectos fisiológicos, bioquímicos e moleculares da toxicidade e tolerância ao crómio em culturas e espécies arbóreas selecionadas. Tese de doutoramento, Universidade Agrícola de Tamil Nadu, Coimbatore, Índia.

Shanker, A.K., Cervantes, C., Loza-Tavera, H., Avudainayagam, S. (2005). Toxicidade do crómio nas plantas. *EnvirontInternat.* 31: 739-753.

Shanker, A.K., Djanaguiraman, M., Pathmanabhan, G., Sudhagar, R. e Avudainayagam, S. (2003): Uptake and phytoaccumulation of chromium by selected tree species. In: Actas da conferência internacional sobre água e ambiente realizada em Bhopal, Índia.

Sharma Rakesh, M.S. e Raju, N.S. (2013). Correlação da contaminação por metais pesados com propriedades do solo de áreas industriais de Mysore, Karnataka, Índia por análise de Cluster.

Int. Res. J. Environ. Sci. 2(10): 22- 27.

Sharma, N., Gurjinder, H. S., Sharma, I. e Bhardwaj, R. (2014). 28 Homobrassinolide altera o conteúdo de proteínas e atividades de glutationa-S-Transferase e polifenol oxidase em *Raphanus Sativus* L. Plantas sob estresse de metais pesados, *Toxicol Int.* 21 (1): 44-50.

Sharma, P. e Dubey, R.S. (2005). Modulação da atividade da redutase do nitrato em plântulas de arroz sob toxicidade do alumínio e stress hídrico: papel dos osmólitos como protectores enzimáticos. *JPlantPhysiol.* 162: 854-64.

Sharma, P., Jha, A. B., Dubey, R. S. e Pessarakli, M. (2012). Espécies reativas de oxigênio, danos oxidativos e mecanismo de defesa antioxidante em plantas sob condições estressantes. *JBot.* 2(1): 26.

Sharma, R.K., Agrawal, M.e Marshall, F. (2007). Heavy metal contamination of soil and vegetables in suburban areas of Varanasi, India. *Ecotoxicologia e Segurança Ambiental*, 66(2): 258-266.

Sharma, S.K., Goloubinoff, P. e Christen, P. (2008). Os iões de metais pesados são inibidores potentes da dobragem de proteínas. *Biochem Biophys Res Commun.* 372:341-345.

Sharmin, S.A., Alam, I., Kim, K.H., Kim, Y.G., Kim, P.J., Bahk, J.D. e Lee, B.H. (2012). Alterações fisiológicas e proteómicas induzidas pelo crómio em raízes de *Miscanthus sinensis*. *Plant Sci.* 187:113-26.

Sheoran, I.S., Singal, H.R. e Singh, R. (1990). Effect of cadmium and nickel on photosynthesis and the enzymes of the photosynthetic carbon reduction cycle in pigeonpea (*Cajanus cajan* L.). *Photosynth Res.* 23:345-351.

Shivahare, L. e Sharma, S. (2012). Efeito do solo contaminado com metais pesados tóxicos numa planta ornamental Georginawild (Dahlia). *JEnviron Analytical Toxico.*2: 156.

Shu, X., Liyan, Y., Quanfa, Z.e Weibo, W. (2011). Efeito da toxicidade do Pb no crescimento das folhas, actividades das enzimas antioxidantes e fotossíntese em estacas e plântulas de *Jatropha curcas* L. *Environ Sci Pollut Res.* 19:893-902.

Siedlecka, A., Krupa,. Z, Samuelsson, G., Oquist, G. e Gardestrom, P. (1997). Metabolismo primário do carbono em plantas de *Phaseolus vulgaris* sob interação Cd/Fe. *Plant PhysiolBiochem.* 35: 951-957.

Siefermann-Harms, D. (1987). As funções de recolha de luz e de proteção dos carotenóides nas membranas fotossintéticas. *Physiol. Plant.*69: 51-568.

Singh M, Muller G e Singh IB (2002). Heavy metals in freshly deposited stream sediments of rivers associated with urbanisation of the Ganga plain, India. Water Air Soil Pollution 141 35-54.

Singh, Dharam, K. Nath e Y.K. Sharma: Response of wheat seed germination and seedling growth under copper stress. *J. Environ. Biol.* 28, 409-414 (2007)

Singh, N.K., Bracker, C.A., Hasegawa, P.M., Handa, A.K., Hermodson, M.A., Pfankoch, E., Regnier, F.E. e Bressan, R.A. (1987). Characterization of osmotin. *Plant Physiol.* 85: 529-536.

Singh, P.K. e Tewari, R. .K (2003) Cadmium toxicity induced changes in plant water relations and oxidative metabolism of *Brassicajuncea* L. plants. *JEnviron Biol.* 24: 107-112.

Singh, S., Eapen, S. e Souza, S.F. (2006). Acumulação de cádmio e sua influência na peroxidação lipídica e no sistema antioxidativo numa planta aquática, *Bacopa monnieri* L. *Chemosphere.* 62:233-246.

Sinha, S. 1999, Accumulation of Cu, Cd, Cr, Mn and Pb from artificially contaminated soil by *Bacopa monnieri*. Environ. Monitor. Assesment, 57, 253-264.

Smeets K, Cuypers A, Lambrechts A, Semane B, Hoet P, VanLaera A, Vangronsveld J (2005) Indução de stress oxidativo e mecanismos antioxidativos em Phaseolus vulgaris após aplicação de Cd. Plant Physiol. Biochem. 43:437-444.

Smits P, E. (2005). Fitorremediação. Revisão Anual de Biologia Vegetal 56: 15-39.

Sneller, F.E.C., VanHeerwaarden, L.M.e Schat, H. (2000). Toxicidade, absorção de metais e acumulação de fitoquelatinas em *Silene vulgaris* exposta a misturas de cádmio e arseniato. *Environ Toxicol Chem.* 19(12):2982-2986.

Snowden, K.C. e Gardner, R.C. (1993). Cinco genes por alumínio em raízes de trigo (*Triticum aestivum* L.). *PlantPhysiol.* 103:855-861.

Solanki, R. e Dhankhar, R. (2011). Alterações bioquímicas e estratégias adaptativas de plantas sob stress de metais pesados. *Biologia*, 66(2): 195-204.

Stolt, J. P., Sneller, F. E. C., Bryngelsson, T., Lundborg, T. e Schat, H. (2003). Fitoquelatina e acumulação de cádmio no trigo. *Environ Exp Bot.* 49:21-28.

Stolt, P., Asp, H. e Hultin, S. (2006). Variação genética no cádmio do trigo, acumulação em solos com diferentes concentrações de cádmio. *JAgron Crop Sci.* 192: 201-208.

Stroinski, A. e Kozlowska, M. (1997). Stress oxidativo induzido pelo cádmio em tubérculos de batata. *Ata Soc. Bot. Pol.* 66, 189-195.

Sudo, E., Itouga, M., Yoshida Hatanaka, K., Ono, Y. e Sakakibara, H. (2008). Expressão e sensibilidade dos genes em resposta ao stress de cobre nas folhas de arroz. *J Experi Bot.* 59: 3465-3474.

Sun YB, Zhou QX, Wang L, Liu WT (2009). Tolerância ao cádmio e caraterísticas de acumulação de Bidens pilosa L. como um potencial hiperacumulador de Cd. J. Hazard. Mater., 161(2-3): 808-814

Sun, D.J., He, Z.H., Xia, X.C., Zhang, L.P., Morris, C.F., Appels, R., Ma, W.J.e Wang, H. (2005). Um novo marcador STS para a atividade da polifenol oxidase no trigo panificável. *Mol Breed.* 16:209-218.

Szarka, A., Horemans, N., Kovacs, Z., Grof, P., Mayer, M. e Banhegyi, G. (2007). A redução do desidroascorbato está associada à cadeia respiratória de transferência de electrões. *PhysiolPlant.* 129: 225-232.

Szollosi, R., Varga, I. S., Erdei, L. e Mihalik, E. (2009) Cadmium induced oxidative stress and antioxidative mechanisms in germinating Indian mustard (*Brassicajuncea* L.) seeds. *Ecotoxicol Environ Safety.*72: 1337- 1342.

Tamas, L., Dudikova, J., Durcekova, K., Haluskova, L., Huttova, J., Mistrik, I. e Olle, M. (2008). Alteração da expressão genética, peroxidação lipídica, teor de prolina e tiol ao longo da raiz de cevada exposta ao cádmio. *JPlant Physiol.*165:1193-1203.

Tanaka, K., Fujimaki, S., Fujiwara, T., Yoneyama, T. e Hayashi, H. (2007) Estimativa quantitativa da contribuição do floema no transporte de cádmio para os grãos em plantas de arroz (*Oryzasativa* L.). *SoilSci. PlantNutr.* 53: 72-77.

Teisseire, H. e Guy, V. (2000). Alterações induzidas pelo cobre nas actividades antioxidantes em frondes de lentilha d'água (*Lemnaminor*). *PlantSci.* 153: 65-72.

Tewari, R.K., Kumar, P., Sharma, P.N., Bisht, S.S. (2002). Modulação de enzimas responsivas ao stress oxidativo por excesso de cobalto. *PlantSci.* 162, 381-388.

Thipyapong P., Stout M.J., Attajarusit J. (2007): Análise funcional de polifenol oxidasesbyantisense..sensetechnology. JI/olecules". 12: 1569-1595.

Thumann, J., Grill, E., Winnacker, E.L. e Zenk, M.H. (1991). Reativação de apoenzimas que requerem metais por complexos de fitoquelatina-metal. *FEBS Let.t* 284:66-69.

Tommey, A.M., Shi, J., Lindsay, W.P., Urwin, P.E, e Robinson, N.J (1991). Expressão do gene da ervilha PsMTA em E. coli. Propriedades de ligação a metais da proteína expressa. FEBS Lett 292:48-52

Toppi de Sanita, Gabbrielli (1999) Response to Cadmium in higher Plants environ Exp Bot4:

105-130.

Torresdey, G. J. L., Videa, P. J.R., Montes, M., de la Rosa, G., Corral-Diaz, B. (2004). Bioacumulação de cádmio, crómio e cobre por *Convolvulus arvensis* L. impacto no crescimento da planta e na absorção de elementos nutricionais. *Bioresour Technol.* 92: 229-235

Trampczynska, A., Gawronski, S W. e Kutrys, S. (2001). *Cannageneralis* como planta para fitoextracção de metais pesados em áreas urbanizadas. *Zes. NaukPoli Salk.* 45: 71-74.

Trivedy, R.K. & Goel, P.K., (1986). Chemical and biological methods for water pollution studies. *EnvironmentalPublications, Karad, Índia*, 248 pp.

Trovato, M., Mattioli, R. e Costantino, P. (2008). Multiple roles of proline in plant stress tolerance and development. *Rendiconti Lincei.* 19: 325-346.

Turekian, K. K., Wedepohl, K. H. (1961). Distribuição dos elementos em algumas unidades principais da crosta terrestre. - Bull. Geol. Soc. America, 72, 2; 175-192.

USEPA, (2000). Introdução à fitorremediação. EPA600/R-99/107.U.S. Environmental potential agency, Office of research and Development, Cincinnati OH.

V   ajpayee, P., Sharma, S.C., Tripathi, R.D., Rai, U.N., Yunus M.(1999). Bioacumulação de crómio e toxicidade para os pigmentos fotossintéticos, atividade da redutase do nitrato e teor proteico de *Nelumbo nucifera* Gaertn. Chemosphere 39:2159 - 69.

V   ajpayee, P., Tripathi, R. D., Rai. U. N., Ali, M. B. e Singh, S. N. (2000). A acumulação de crómio (VI) reduz a biossíntese de clorofila, a atividade da redutase do nitrato e o conteúdo proteico de *Nymphaeaalba* L. *Chemosp* .41: 1075-1082.

Van Assche, F. e Clijsters. H. (1990). Efeitos dos metais na atividade enzimática das plantas. *Plant Cell Environ.* 13:195-206.

V   annini, C., Marsoni, M., Domingo, G., Antognoni, F., Biondi, S e Bracale, M.(2009). Análise proteómica das modificações induzidas pelo cromato em *Pseudokirchneriella subcapitata. Chemosphere.* 76:1372-9.

V   arga, A., Martinez, R. M. G., Zaray, G. e Fodor, F. (1999). Investigação dos efeitos da contaminação com cádmio, chumbo, níquel e vanádio no processo de absorção e transporte em plantas de pepino por espetrometria TXRF. *Spectrochiem Act* Part *B.* 54: 1455-1462.

Varma e Dileep. (2004). Manual de gestão de RSU. Missão Kerala Limpa. Governo de Kerala. p.78

V   azques, M. D., Poschenrieder, C. H. e Barcelo, J. (1992). Efeitos ultra-estruturais e localização de baixas concentrações de cádmio em raízes de feijão. *New Phytol.*120: 215-226.

Velasco-Alinsug, M. P., Rivero, G. C. e Quibuyen, T. A. O. (2005) Isolamento de péptidos de ligação ao mercúrio em partes vegetativas de Chromolaena odorata. Z. Naturforsch. 60: 252-259.

Venekemp, J.H. (1989). Regulação da acidez citosólica em plantas sob condições de seca. PlantPhysiol, 76,112- 117.

Verbruggen, N., Hermans, C.e Schat, H. (2009).Mechanisms to cope with arsenic or cadmium excess in plants. *Curr Opin PlantBiol.*12: 364-72.

Verma, S. e Dubey, R.S. (2003). A toxicidade do chumbo induz a peroxidação lipídica e altera as actividades das enzimas antioxidantes em plantas de arroz em crescimento. Plant Sci. 164: 645-655.

Viarengo, A., Ponzano, E., Dondero, F., Fabbri, R., (1997). Um método espectofotométrico simples para a avaliação da metalotioneína em organismos marinhos: uma aplicação aos moluscos mediterrânicos e antárcticos. Mar. Environ. Res. 44, 69-84.

Viehweger, K. (2014). Como as plantas lidam com metais pesados. *Botanical studies*. 55(35):1-12.

Vincent, C.D, Lawlo,r A.J, Tipping, E. (2001) Acumulação de Al, Mn, Fe, Cu, Zn, Cd e Pb pelo briófito *Scapania undulata* em três águas de montanha com diferentes pH. *EnvironPollut*. 114:93-100.

Wakee, S. K. EL e J. P. Riley. (1957). A determinação do carbono orgânico em lamas marinhas. Cons. int. Explor. Mer, 22:180-183.

Wang, G., Zhang, J., Wang, G., Fan, X., Sun, X., Qin, H., et al. (2014). A resposta à prolinal desempenha um papel crítico na regulação da síntese geral de proteínas e do ciclo celular no milho. *Plant Cell* .26: 2582-2600.

Wang, R., Gao, F., Guo, B.Q., Huang, J.C., Wang, L.e Zhou, Y.J. (2013) Alterações de curto prazo induzidas pelo stress do crómio no proteoma da folha do milho. *Int J MolSci* .14:11125-44.

Wang, Z., Zhang, Y, Huang, Z. e Huang, L. (2008). Resposta antioxidante de plantas acumuladoras e não acumuladoras de metais sob stress de cádmio. *Solo vegetal.* 310: 137-149.

Weber, M., Trampczynska, A. e Clemens, S. (2006). Análise comparativa do transcriptoma das respostas a metais tóxicos em *Arabidopsis thaliana* e na metalófita facultativa hipotolerante a Cd2+ *Arabidopsishalleri. Plant, CellandEnvironment.* 29: 950-963.

Wei, S., Zhou, Q. e Wang, X. (2005). Identificação de plantas daninhas excluindo o up□ take de metais pesados. *Environ. Int.* 31: 829-834.

Whiting, N.S., Leake, R.J., McGrath, P.S. e baker, M.J.A. (2000). Resposta positiva a Zn e Cd por raízes do hiperacumulador de Zn e Cd *Thlaspi caerulescens. New Phytol.* 145 (2):199-210.

Whiting, S. N., P. M. Neumann, e A. J. M. Baker. (2003). A hiperacumulação de níquel e zinco por Alyssum murale e *Thlaspi caerulescens* (Brassicaceae) não aumenta a sobrevivência e o crescimento de toda a planta sob stress de seca. Plant, *Cell Enviro.*26: 351-360.

Willekens H (1997). A catalase é um sumidouro de H2O2 e é indispensável para a defesa contra o stress em plantas C-3. Embo Journal 16 4806-4816.

Williams, L.E., Pittman, .JK. e Hall, J.L.(2000). Mecanismos emergentes para o transporte de metais pesados em plantas. *Biochimica etBiophysica Ata.*77803:1-23.

Willner P, Towell A, Sampson D, Sophokleous S, Muscat R (1987) Reduction of sucrose preference by chronic unpredictable mild stress, and its restoration by a tricydic antidepressant. Psychopharmacology 93:358-367.

Wong, H. L., Sakamoto, T., Kawasaki, T., Umemura, K. e Shimamoto, K. (2004). Down-regulation of metallothionein, a reactive oxygen scavenger, by the small GTPaseOsRac1 in rice. *PlantPhysi.* 135(3): 1447-1456.

Wu FB, Zhang GP. Variação genotípica nas concentrações de metais pesados no grão de cevada e como afectadas por factores do solo. JPlantNutr. 2002;25(6):1163-1173

Yadav, S., Sukla, O.P. e Rai, U.N. (2005). Chromium pollution and bioremediation. Instituto Nacional de Investigação Botânica, Luck Now.

Yadav, S.K. (2010). Toxicidade dos metais pesados nas plantas: An overview on the role of glutathione and phytochelatins in heavy metals stress tolerance of plants. South African J Bot. 76: 167-179.

Y   ang, X, E., Li TQ., Yang J C. He ZL., Lu L L. e Meng, F H. (2006). Compartimentação de zinco na raiz, transporte para o xilema e absorção nas células da raiz nas espécies de fitoacumulação de *Sedum alfredii. Hanceplanta.* 224(1): 185-195

Y   ang, X., Baligar, V.C., Martens, D.C., Clark, R.B.(1995). Influxo, transporte e acumulação de cádmio em espécies vegetais cultivadas em diferentes actividades de Cd2+. *J Environ Sci Health.*30:569-583.

Y   e, Z. H., Baker, A.J.M., Wong, M. H. e Willis, A. J. (1997). Tolerância, absorção e acumulação de zinco, chumbo e cádmio por *Typhalatifolia. New Phytol.*136: 469-480.

Y   ong,Y., Sheng, T.e Xue, B. (2003). Mecanismo principal e factores que afectam a fitorremediação de solos contaminados. *PubMed.* 10 : 1799-803.

Yoon, J., Cao, X., Zhou, Q. e Ma, L. Q. (2006) Acumulação de Pb, Cu e Zn em plantas nativas que crescem num sítio contaminado da Florida. Sci. Total Environ. 368: 456-464.

Yuvajanvedi,.(2002). Report on the Environmental and Social Problems Raised due to Coca Cola and Pepsi in Palakkad District, (Thiruvananthapuram: Yuvajanvedi, novembro de 2002).

ZayedA.LytleC.M.,Qian-JinHong,TerryN. e Qian J.H. (1998). Acumulação de crómio, translocação e especiação química em culturas hortícolas. Planta 206: 293-299

Zheljazkova, V. D., Ekaterina, A., Jeliazkova, A., Kovacheva, N. e Dzhurmanski, A. (2008) Absorção de metais por espécies de plantas medicinais cultivadas em solos contaminados por fundição. Environ. Exp. Bot. 64: 207- 216.

Zhou YP. 2005. Composições isotópicas de carbono, oxigénio e hidrogénio em material vegetal: perspectivas a partir de experiências de crescimento controlado e modelização. Tese de doutoramento, Universidade Nacional Australiana, Camberra, Austrália.

Zhou, J. (1994). Estrutura e função dos genes da metalotioneína em Arabidopsis. Tese de doutoramento. Universidade de Purdue. West Lafayette, IN.

Zhou, J., Goldsbrough, P.B. (1994). Homólogos funcionais de genes de metalotioneína fúngica de Arabidopsis. Plant Cell. 6:875-884

Zhou, J.M., Goldsbrough, PB. (1995). Estrutura, organização e expressão da família de genes da metalotioneína em Arabidopsis. Molecular and General Genetics 248: 318-328.

Zimeri, A.M., Dhankher, O.P., McCaig, B. e Meagher, R.B. (2005) As metalotioneínas MT1 das plantas são estabilizadas pela ligação ao cádmio e são necessárias para a tolerância e acumulação de cádmio. *PlantMol Biol.*58:839-855

Zou, J. H., Wang, W. S., Jiang, W. e Liu, D. H. (2006). Efeito do crómio hexavalente (VI) no crescimento da raiz e na divisão celular em células da ponta da raiz de *Amaranthus viridis* L. *Pak. J. Bot.* 38: 673- 681.

Printed by Books on Demand GmbH, Norderstedt / Germany